Photoshop CC
图形图像处理项目教程

主　编　杨　彧

副主编　于　熙　龚　磊　刘志鹏

参　编　周　敏　何小可　张斐斐

　　　　　邓　芳　周　磊

北京理工大学出版社
BEIJING INSTITUTE OF TECHNOLOGY PRESS

图书在版编目(CIP)数据

Photoshop CC 图形图像处理项目教程 / 杨彧主编
. -- 北京 : 北京理工大学出版社，2025. 3重印
ISBN 978-7-5682-7841-6

Ⅰ. ①P… Ⅱ. ①杨… Ⅲ. ①图象处理软件—教材
Ⅳ. ①TP391.413

中国版本图书馆 CIP 数据核字（2019）第 243861 号

责任编辑：张荣君　　**文案编辑**：张荣君
责任校对：周瑞红　　**责任印制**：边心超

出版发行 / 北京理工大学出版社有限责任公司
社　　址 / 北京市丰台区四合庄路 6 号
邮　　编 / 100070
电　　话 / （010）68914026（教材售后服务热线）
（010）63726648（课件资源服务热线）
网　　址 / http://www.bitpress.com.cn

版 印 次 / 2025 年 3 月第 1 版第 2 次印刷
印　　刷 / 定州市新华印刷有限公司
开　　本 / 889 mm × 1194 mm　1/16
印　　张 / 10.5
字　　数 / 317 千字
定　　价 / 49.00 元

前言

党的二十大报告作出了“优化职业教育类型定位”的重大部署，把大国工匠和高技能人才纳入国家战略人才力量，为今后一个时期加快推动现代职业教育高质量发展提供了指引，对技术技能人才培养提出了新的更高的要求。职业教育要坚持为党育人、为国育才，着力增强职业教育适应性，推动现代职业教育高质量发展，培养造就更多高素质技术技能人才、大国工匠。

Photoshop 是一款优秀的图形图像处理软件，它因功能强大、操作灵活而被广泛应用于广告设计、包装设计、数码照片处理、建筑效果图后期处理以及绘画等领域。

本书主要通过项目案例实践向读者全面介绍 Photoshop CC 在设计领域的应用技巧和方法，旨在帮助读者快速提高使用 Photoshop CC 进行设计的能力，从而为职业生涯奠定扎实的基础。

全书共 8 个项目以全实例的形式由浅入深地详细讲解了运用 Photoshop CC 进行多用途宣传图制作海报设计、包装设计、数码照片处理、网络广告设计、APP UI 设计、建筑效果图后期处理以及绘画等设计创意与方法，使读者在掌握软件应用的同时提升设计理念。

本书具有以下特点：

1. 以实际项目为抓手，培养独立设计能力

本书立足于工作实际，通过大量的实践案例，全方位展现各类项目的设计要求、设计思路、设计方法以及技术实现，使读者能够真实地感受到项目的整

个设计过程，帮助读者快速成长为一名专业的设计师。

2. 案例丰富，知识体系完整，专业性和实用性强

本书汲取了许多业内知名设计师的实践经验，案例涵盖了多用途宣传图制作海报设计、包装设计、数码照片处理、网络广告设计、APP UI 设计、建筑效果图后期处理以及绘画等 8 个方面。每个方面，都从专业知识到项目分析再到项目实施，循序渐进、逐步深入进行讲解，对读者独立开展项目设计具有很好的指导和借鉴作用。阅读本书，跟着每个环节逐步操作，就相当于在工作一线进行实战锻炼。

由于时间仓促，书中难免会存在不足之处，恳请广大读者批评指正。最后感谢您选择了本书，如果在学习的过程中发现问题，或有更好的建议，请发及时联系我们。

编　者

目录

项目一　多用途宣传图制作

内容摘要

使用 Photoshop CC 进行图形图像设计的基础知识及基本操作，包括图像基础知识，图像和画布大小的调整，文件的新建、打开、置入和存储的方法。本项目通过多场景使用的宣传图实践案例帮助大家了解 Photoshop CC 的基础知识，为后续的项目设计打下基础。

项目学习目标

知识目标：

1. 认识位图和矢量图，认识分辨率及图像存储格式。

2. 掌握文件的创建、打开、置入和存储的方法。掌握画布大小、图像大小的修改方法

3. 了解图像的变形和变换操作，理解 Photoshop 中图像打印与输出的基本概念和原理。

能力目标：

1. 能够针对不同用途图片进行分辨率设置。

2. 熟练修改图像文件大小，达到特定尺寸需求。

3. 掌握图像存储和输出的最佳实践，能够根据不同的需求，准确地将图像输出为 JPEG、PNG、PSD、PDF 等常见格式，并掌握各格式输出时的参数调整。

素养目标：

1. 通过实际操作和案例练习，学生能够体验图像创建与输出的完整过程，提高动手操作能力和解决实际问题的能力。

2. 在设置图像过程中，培养学生的观察能力和分析能力，学会根据具体情况选择合适的设置。

3. 引导学生自主学习和合作学习，通过查阅资料、互相交流等方式，拓展对图像打印与输出知识的了解，提高学习效率和自主探究能力。

1.1 图像基础知识

Photoshop CC 涉及的基本概念主要包括位图、矢量图和分辨率，在使用软件前了解这些基础知识，有利于后期的设计制作。

1.1.1 位图与矢量图

平面设计软件制作的图像类型大致分为两种:位图和矢量图。Photoshop CC虽然可以置入多种文件类型，但是它还不能直接处理矢量图。不过 Photoshop CC 在处理位图方面的能力是其他软件所不能及的，这也正是它的成功之处。下面对这两种图像进行逐一介绍。

1. 位图

位图图像在技术上被称作栅格图像，它使用像素表现图像。每个像素都分配有特定的位置和颜色值，在处理位图时所编辑的是像素，而不是对象或形状。位图图像与分辨率有关，也可以说是位图包含固定数量的像素。因此，如果在屏幕上放大比例或以低于创建时的分辨率来打印它们，则将丢失其中的细节使图像产生锯齿。

位图的优点：位图能够制作出色彩和色调变化丰富的图像，可以逼真地表现自然界的景象，同时也可以很容易地在不同软件之间交换文件。

位图的缺点：数据量大，不能任意放大缩小，并且图像缩放和旋转时会产生失真的现象。

图 1–1、图 1–2 所示为位图放大前及其放大后的效果图。

图 1–1　位图放大前

图 1–2　位图放大后

2. 矢量图

矢量图形有时称作矢量形状或矢量对象，是由称作矢量的数学对象定义的直线和曲线构成的。矢量根据图像的几何特征对图像进行描述，基于这种特点，矢量图可以任意移动或修改，而不会丢失细节或影响清晰度，因为矢量图形是与分辨率无关的，即当矢量图放大时依然能保持清晰的边缘。因此，对于将在各种输出媒体中按照不同大小使用的图稿（如商标 LOGO），矢量图形是最佳选择。

矢量图的优点：矢量图像又被称为向量式图像，用数学的矢量方式来记录图像内容，以线条和色块为主。例如，一条线段的数据只需要记录两个端点的坐标、线段的粗细和色彩等，因此它的文件所占的空间较小，也可以很容易地进行放大、缩小或旋转等操作，并且不会失真。

矢量图的缺点：不易制作色调丰富或色彩变化太多的图像，而且绘制出来的图形不是很逼真，无法像照片一样精确地描写自然界的景象，同时也不易在不同的软件间交换文件。

图 1–3、图 1–4 所示为一个矢量图放大前后的效果图。

图 1-3　矢量图放大前

图 1-4　矢量图放大后

1.1.2　位深度

计算机之所以能够显示颜色，是采用了一种称作“位”（bit）的记数单位来记录所表示颜色的数据。当这些数据按照一定的编排方式被记录在计算机中，就构成了一个数字图像的计算机文件。“位”（bit）是计算机存储器里的最小单元，它用来记录每一个像素颜色的值。图像的色彩越丰富，“位”的值就会越大。每一个像素在计算机中所使用的这种位数就是“位深度”。

位深度用于指定图像中的每个像素可以使用的颜色信息数量。每个像素使用的信息位数越多，可用的颜色就越多，颜色表现就更逼真。例如，位深度为 1 的图像的像素有两个可能的值：黑色和白色。位深度为 8 的图像有 2^8（即 256）个可能的值，如位深度为 8 的灰度模式图像有 256 个可能的灰色值。

再如，RGB 图像由红（R）、绿（G）、蓝（B）三个颜色通道组成。8 位 / 像素的 RGB 图像中的每个通道有 256 个可能的值，这意味着该图像有 1600 万个以上可能的颜色值。有时将带有 8 位 / 通道（bpc）的 RGB 图像称作 24 位图像（8 位 ×3 通道 =24 位数据 / 像素）。

在 Photoshop 中可以轻松地在 8 位 / 通道、16 位 / 通道和 32 位 / 通道中进行切换。执行菜单栏中的【图像】|【模式】命令，然后在子菜单中选择 8 位 / 通道、16 位 / 通道或 32 位 / 通道即可完成切换。

1.1.3　像素和分辨率

像素尺寸和分辨率关系到图像的质量和大小。像素和分辨率是成正比的，像素越大，对应的图像分辨率也就越高。

1. 像素

像素（pixel）是图形单元（picture element）的简称，是位图图像中最小的完整单元。这种最小的图形单元能在屏幕上显示，通常是单个的染色点，像素不能再被划分为更小的单位。像素尺寸其实就是整个图像总的像素数量。像素越大，对应图像的分辨率也就越大，在不降低打印质量的同时打印尺寸也越大。

2. 分辨率

分辨率就是指在单位长度内含有的点（即像素）的多少，即每英寸图像含有多少个点或者像素。分辨率的单位为 dpi，例如，72dpi 就表示该图像每英寸含有 72 个点或者像素。因此当知道图像的尺寸和图像分辨率时，就可以精确地计算得到该图像中全部像素的数量。每英寸的像素越多，分辨率越高。

在数字化图像中，分辨率的大小直接影响图像的质量，分辨率越高，图像就越清晰，所产生的文件也就越大。所以在创造图像时，不同的品质、不同用途的图像应该设置不同的图像分辨率，这样才能制成最合理的图像作品。例如，对于要打印输出的图像分辨率就需要高一些，若仅在屏幕上显示，使用图像分辨率就可以低一些。

另外，图像文件的大小与图像的尺寸和分辨率息息相关。当图像的分辨率相同时，图像的尺寸越大，图像文件也就越大。当图像的尺寸相同时，图像的分辨率越大，图像文件也就越大。如图 1-5 所示为两幅相同的图像，缩放比例为 200 时，分辨率分别为 72 像素 / 英寸和 300 像素 / 英寸的不同显示效果。

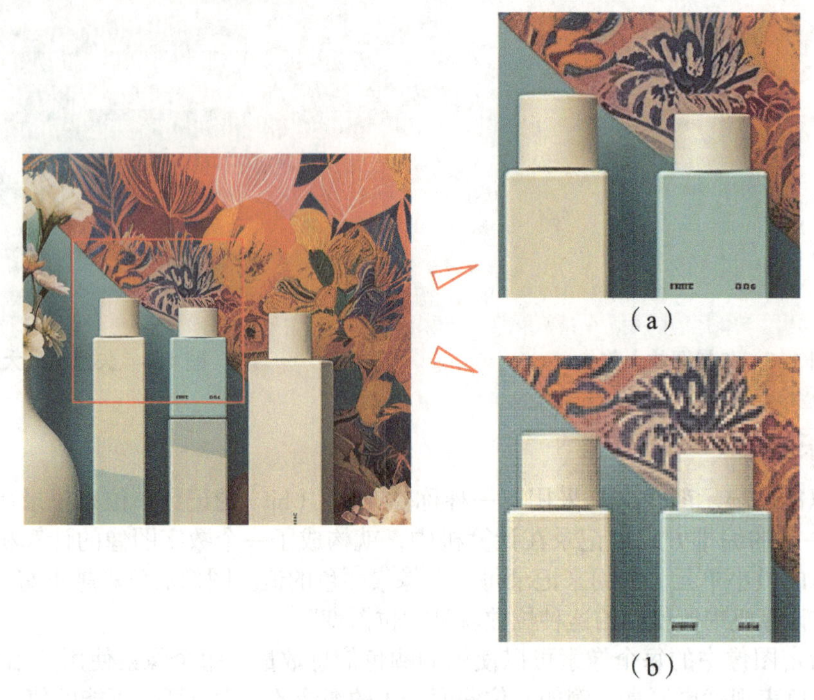

图 1-5　分辨率不同的图像显示效果
（a）分辨率为 72 像素 / 英寸；（b）分辨率为 300 像素 / 英寸

1.14　认识图像的存储格式

图像的格式决定了图像的特点和使用方式，不同的格式的图像在实际应用中区别非常大，不同的用途也决定使用不同的图像格式，下面来讲解不同格式的含义及应用。

1. PSD 格式

PSD 格式是 Adobe 公司的图像处理软件 Photoshop 的专用格式。PSD 其实是 Photoshop 进行平面设计的一张“草稿图”，它里面包含有各种图层、通道、遮罩等多种设计的样稿，以便于下次打开时可以修改上一次的设计。在 Photoshop 所支持的各种图像格式中，PSD 格式的存取速度比其他格式快很多，功能也很强大。

2. EPS 格式

EPS 是 Encapsulated Post Script 的缩写。EPS 格式是 Illustrator 和 Photoshop 之间一种可交换的文件格式。EPS 格式是目前桌面印刷系统普遍使用的通用交换格式当中的一种。EPS 格式又被称为带有预视图像的 PS 格式，它是由一个 PostScript 语言的文本文件和一个（可选）低分辨率的由 PICT 或 TIFF 格式描述的代表图像组成。EPS 文件就是包括文件头信息的 PostScript 文件，利用文件头信息可使其他应用程序将此文件嵌入文档。EPS 文件大多用于印刷以及在 Photoshop 和页面布局应用程序之间交换图像数据。当保存 EPS 文件时，Photoshop 将出现一个【EPS 选项】对话框，如图 1-6 所示。

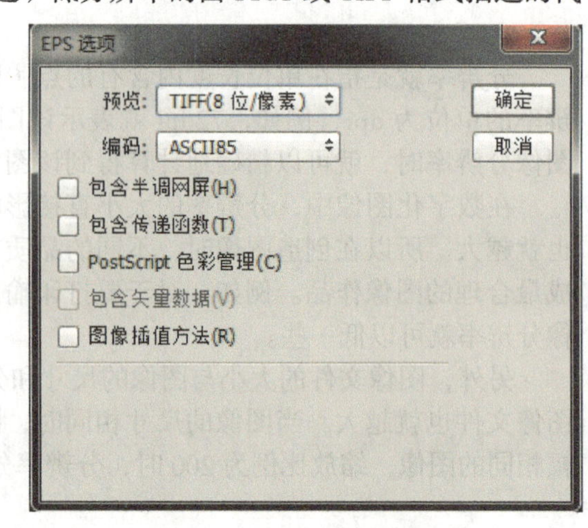

图 1-6　【EPS 选项】对话框

在保存 EPS 文件时指定的【预览】方式决定了要在目标应用程序中查看的低分辨率图像。选择【TIFF】，在 Windows 和 Mac OS 系统之间共享 EPS 文件，8 位预览所提供的显示品质比 1 位预览高，但文件也相对更大；也可以选择【无】。在编码中 ASCII 是最常见的格式，尤其是在 Windows 环境中，但是它所用的文件也是最大的。【二进制】的文件比 ASCII 要小一些，但是很多应用程序和打印设备都不支持。该格式在 Macintosh 平台上应用较多。JPEG 编码使用 JPEG 压缩，这种压缩方法要损失一些数据。

3. PDF 格式

PDF（Portable Document Format）是 Adobe Acrobat 所使用的格式，这种格式是为了能够在大多数主流操作系统中查看此类文件。

PDF 文件以 PostScript 语言图像模型为基础，无论在哪种打印机上都可保证精确的颜色和准确的打印效果，即 PDF 会忠实地再现原稿的每一个字符、颜色以及图像。

PDF 文件不管是在 Windows、Unix 还是在 Mac 操作系统中都是通用的。这一特点使它成为在 Internet 上进行电子文档发行和数字化信息传播的理想文档格式。

Adobe 公司设计 PDF 文件格式的目的是为了支持跨平台上的，多媒体集成的信息出版和发布，尤其是提供对网络信息发布的支持。为了达到此目的，PDF 具有许多其他电子文档格式无法相比的优点。PDF 文件格式可以将文字、字型、格式、颜色及独立于设备和分辨率的图形图像等封装在一个文件中。该格式文件还可以包含超文本链接、声音和动态影像等电子信息，支持特长文件，集成度和安全可靠性都较高。

对普通读者而言，用 PDF 制作的电子书具有纸版书的质感和阅读效果，可以逼真地展现原书的原貌，而显示大小可任意调节，给读者提供了个性化的阅读方式。

4. TIFF 格式

标签图像文件格式（Tagged Image File Format，TIFF）是应用平台最广泛的图像文件格式之一，运行于各种平台上的大多数应用程序都支持该格式。TIFF 格式能够有效地处理多种颜色深度、Alpha 通道和 Photoshop 的大多数图像格式。TIFF 格式的出现是为了便于应用软件之间进行图像数据的交换。

TIFF 文件支持位图、灰阶、索引色、RGB、CMYK 和 Lab 等图像模式。RGB、CMYK 和灰阶图像中都支持 Alpha 通道，TIFF 文件还可以包含文件信息命令创建的标题。

TIFF 文件支持任意的 LZW 压缩格式，LZW 是光栅图像中应用最广泛的一种压缩格式。因为 LZW 压缩是无损失的。所以不会有数据丢失。使用 LZW 压缩方式可以大大减小文件的大小，特别是包含大面积单色区的图像。但是 LZW 压缩文件必须要进行解压缩和压缩，要花费很长的时间来打开和保存，如图 1-7 所示为进行 TIFF 格式存储时弹出的【TIFF 选项】对话框。

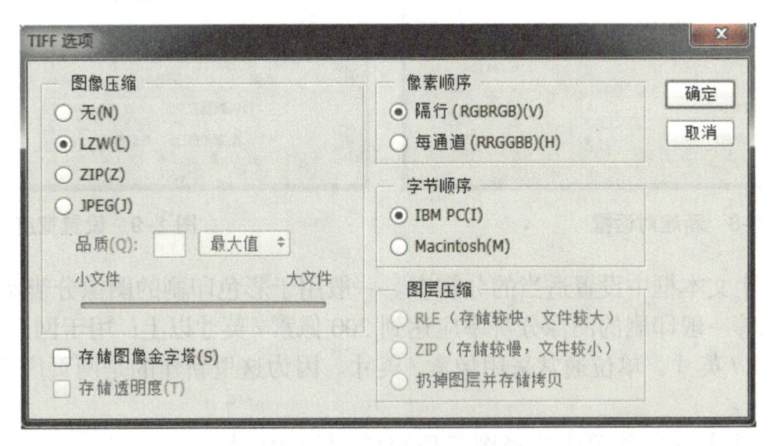

图 1-7　TIFF 选项对话框

Photoshop 会在保存时提示用户选择图像的【压缩方式】，以及是否使用 IBM PC 机或 Macintosh 上的【字节顺序】。

由于 TIFF 格式可以方便地进行转换，因此该格式常用于出版和印刷业中。另外，大多数扫描仪也都支持 TIFF 格式，这使得 TIFF 格式成为数字图像处理的最佳选择。

5. GIF 格式

GIF（Graphics Interchange Format），图形交换格式文件是由 CompuServe 公司开发的图形文件格式。GIF 文件的数据，是一种基于 LZW 算法的连续色调的无损压缩格式。其压缩率一般在 50% 左右，它不属于任何应用程序。GIF 格式的另一个特点是其在一个 GIF 文件中可以保存多幅彩色图像，如果把存于一个文件中的多幅图像数据逐幅读出并显示到屏幕上，就可构成一种最简单的动画。平常在网页中看到的动态图片一般都是 GIF 格式的。

1.2 文件编辑的基本操作

在这一小节中，将详细介绍有关 Photoshop CC 的一些基本操作，包括图像文件的新建、打开、存储和置入等基本操作，为以后的深入学习打下一个良好的基础。

1.2.1 创建一个用于印刷的新文件

创建新文件的方法非常简单，具体的操作方法如下：

（1）执行菜单栏中的【文件】|【新建】命令，打开如图 1–8 所示的【新建】对话框。

（2）在【名称】文本框中输入新建文件名称，其默认的名称为“未标题 –1”，这里输入的名称为“横条广告”。

（3）可以从【预设】下拉菜单中选择新建文件夹的图像大小，也可以直接在【宽度】和【高度】文本框中直接输入数值。需要注意的是，要先改变单位再输入大小，不然可能会出现错误。比如先设置【宽度】的值为 800 像素，【高度】的值为 300 值，如图 1–9 所示。

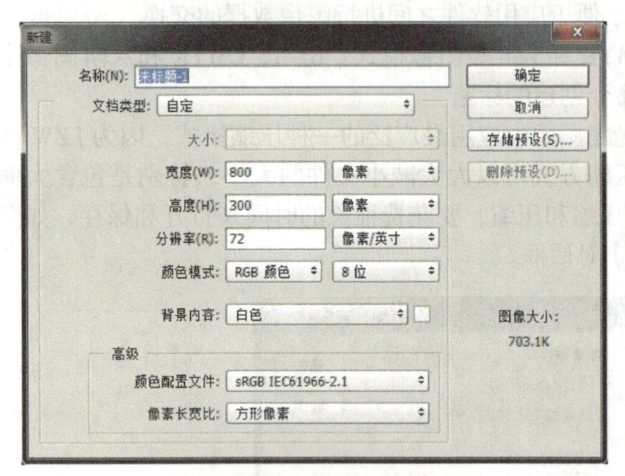

图 1–8 新建对话框

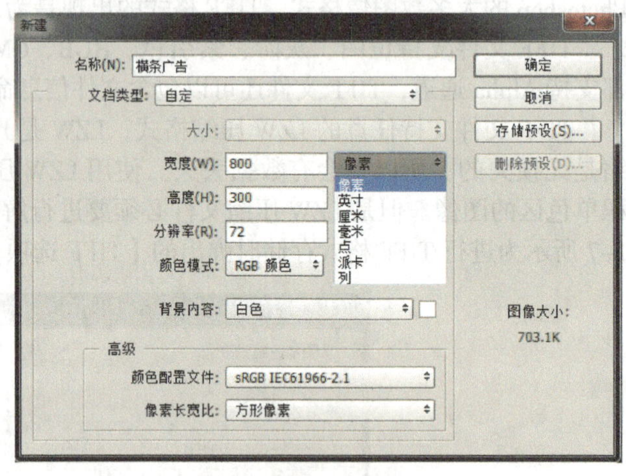

图 1–9 设置宽度和高度

（4）在【分辨率】文本框中设置适当的分辨率。一般用于彩色印刷的图像分辨率应达到 300 像素 / 英寸；用于报刊、杂志等一般印刷的图像分辨率应达到 200 像素 / 英寸以上；用于网页、屏幕浏览的图像分辨率可设置为 72 像素 / 英寸，单位通常采用像素 / 英寸。因为这里新建的是网页广告，所以设置为 72 像素 / 英寸。

（5）在【颜色模式】下拉菜单中选择图像所要应用的颜色模式。可选【位图】、【灰度】、【RGB 颜色】、【CMYK 颜色】和【Lab 颜色】模式，以及【1 位】、【8 位】、【16 位】和【32 位】4 个通道模式选项。根据文件输出的需要可以自行设置，一般情况下选择【RGB 颜色】和【CMYK 颜色】模式以及【8 位】通道模式。通常，如果用于网页制作，要选择【RGB 颜色】模式，如果用于印刷，则需选择【CMYK 颜色】模式。

（6）在【背景内容】下拉菜单中，选择新建文件的背景颜色，其中包括 3 个选项。选择【白色】选项，则新建的文件背景色为白色；选择【背景色】选项，则新建的图像文件以当前工具箱中设置的颜色作为新文件的背景色；选择【透明】选项，则新建的图像文件背景为透明的，背景将显示灰白相间的方格。选择不同背景内容创建的画布效果，从左至右背景分别为白色、背景色、透明，效果如图 1–10 所示。

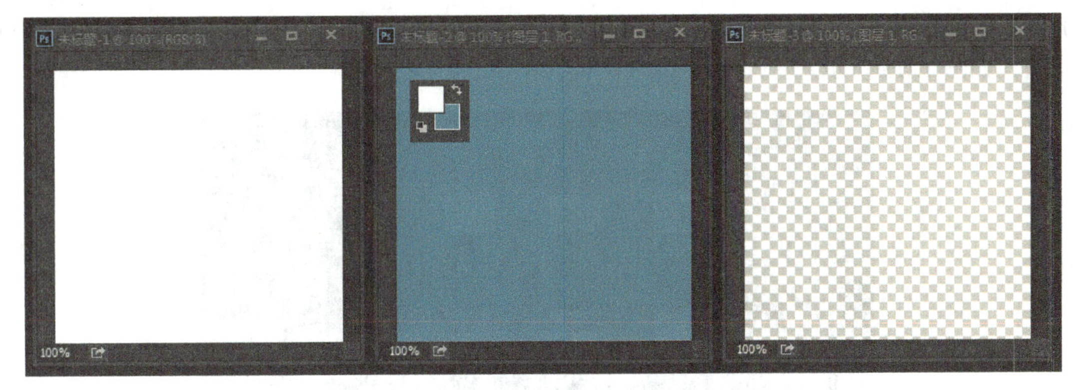

图 1–10　选择不同背景内容创建的画布效果

（7）设置好文件相关参数后，单击【确定】按钮，即可创建一个新文件，如图 1–11 所示。

图 1–11　创建的新文件效果

1.2.2　使用【打开】命令打开文件

要编辑或修改已存在的 Photoshop 文件或其他软件生成的图像文件时，可以使用【打开】命令将其打开，具体操作如下：

（1）执行菜单栏中的【文件】|【打开】命令，或在工作区空白处双击，弹出【打开】对话框。

（2）在【查找范围】下拉列表中，可以查找要打开图像文件的路径。如果打开时看不到图像预览，可以单击对话框右上角的【查看菜单】按钮 ，从弹出的菜单中选择【大图标】命令，如图 1–12 所示，以显示图像的预览图，方便查找相应的图像软件。

图 1–12　打开对话框

（3）将鼠标指向要打开的文件名称或图像位置时，系统将显示出该图像的尺寸、分级、项目类型和大小等信息，如图 1–13 所示。

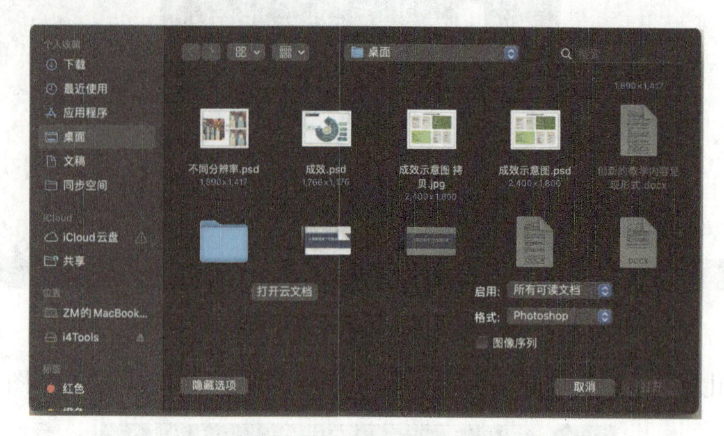

图 1–13　显示图像信息

（4）单击选择要打开的图像文件，如图 1–14 所示。

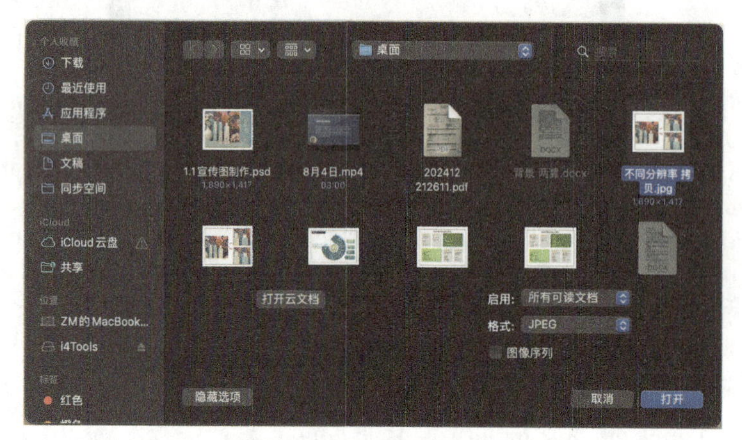

图 1–14　选择图像文件

（5）单击【打开】按钮，即可将该图像文件打开，打开的效果如图 1–15 所示。

图 1–15　打开的文件

1.2.3　打开最近使用的文件

在【文件】|【最近打开文件】子菜单中显示了最近打开过的20个图像文件，如图1–16所示。如果要打开的图像文件名称显示在该子菜单中，选中该文件名即可打开该文件，省去了查找该图像文件的烦琐操作。

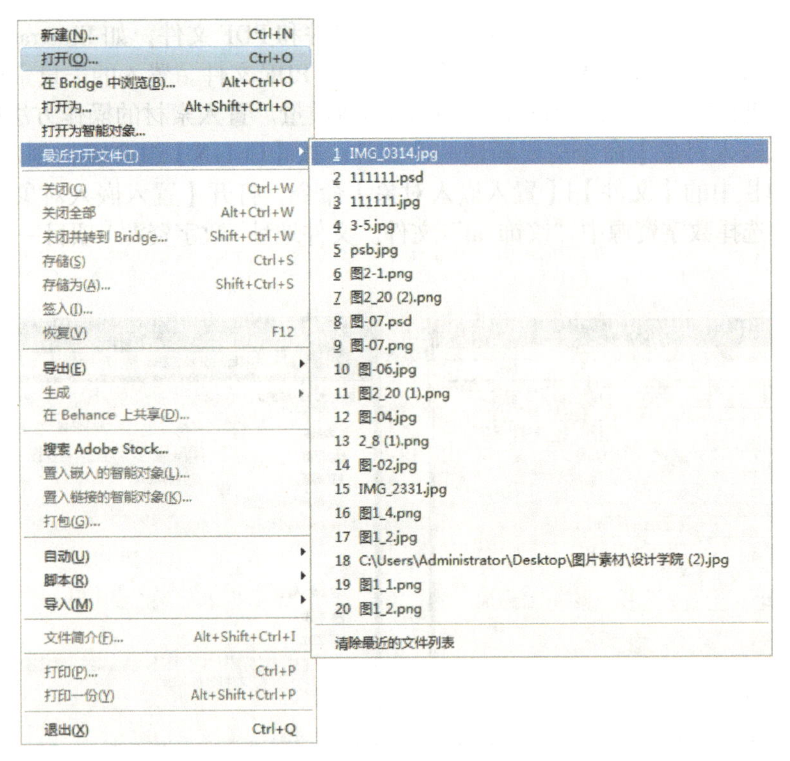

图1–16　最近打开文件

1.2.4　打开EPS格式文件

EPS格式文件在设计中应用相当广泛，几乎所有的图形、插画和排版软件都支持这种格式。EPS格式文件主要是Illustrator软件产生的。当打开包含矢量图的EPS文件时，将对它进行栅格化，矢量图中经过数学定义的直线和曲线会转换为位图图像的像素。要打开EPS文件可执行如下操作：

（1）执行菜单栏中的【文件】|【打开】命令，在【打开】对话框中选择数字资源中的素材，如图2–17所示，单击【打开】按钮，此时将弹出【栅格化EPS格式】对话框，如图1–17所示。

文件地址：数字资源\项目一\素材文件\装饰花纹.eps。

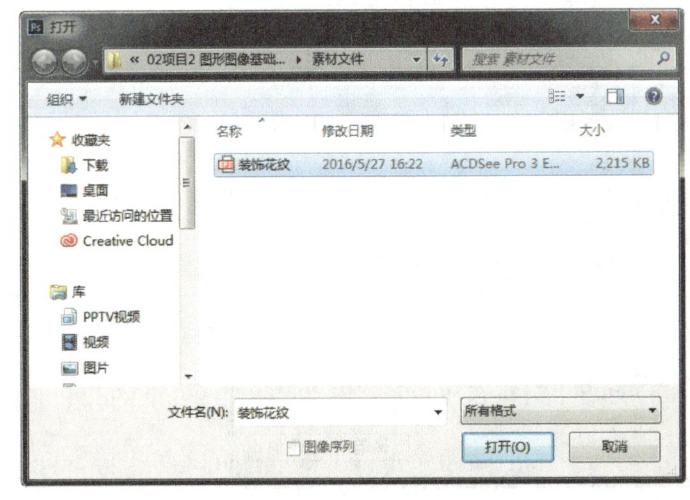

图1–17　打开对话框

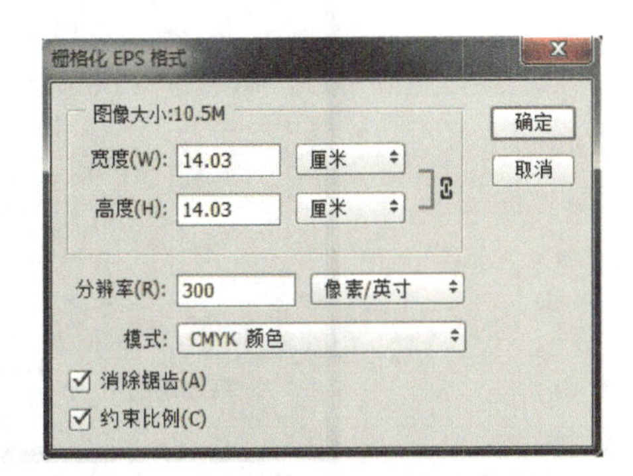

图1–18　栅格化EPS格式对话框

（2）指定所需要的尺寸、分辨率和模式。如果要保持高度和宽度的比例，可以勾选【约束比例】复选框；如果想最大限度减少图片边缘的锯齿现象，可以勾选【消除锯齿】复选框。设置完成后单击【确定】按钮，即可将其以位图的形式打开。

1.2.5 置入 AI 文件

Photoshop CC 中可以置入其他程序设计的矢量图形文件和 PDF 文件，如 Illustrator 图形处理软件设计的 AI 格式的文件，还有其他符合需要格式的位图图像以及 PDF 文件。置入的矢量素材将以智能对象的形式存在，对智能对象进行缩放、变形等操作不会影响图像质量。置入素材的操作方法如下：

（1）使用【置入嵌入对象】命令前要新建一个文件。按【Ctrl+N】组合键，创建一个如图 1-19 所示的新文件。执行菜单栏中的【文件】|【置入嵌入对象】命令，打开【置入嵌入对象】对话框，选择要置入的矢量文件，比如选择数字资源中“纹饰 .ai”文件。文件地址：数字资源 \ 项目一 \ 素材文件 \ 纹饰 .ai。如图 1-20 所示。

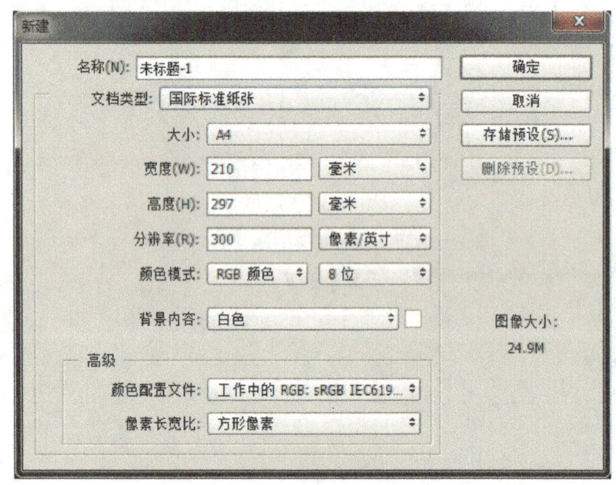

图 1-19　创建新文件

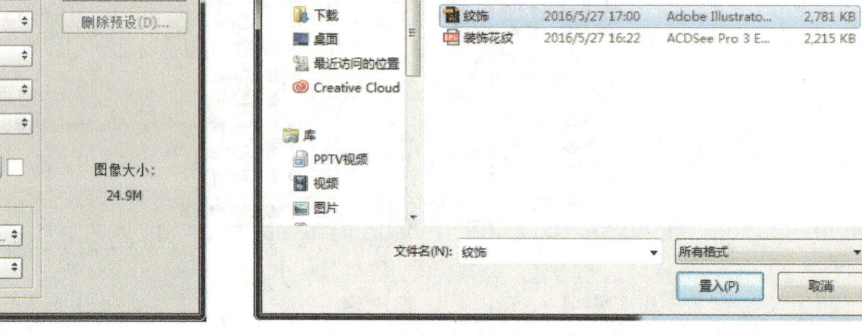

图 1-20　选择素材

（2）单击【置入】按钮，将打开【打开为智能对象】对话框。根据要导入的文档元素，选择【页面】、【图像】或【3D】。如果文件包含多个页面或图像，可以单击选择要置入的页面或图像的缩览图，使用【缩览图大小】下拉菜单来调整其在预览窗口中的缩览图视图，可选择【小】、【大】或【适合页面】三种形式显示。如图 1-21 所示。

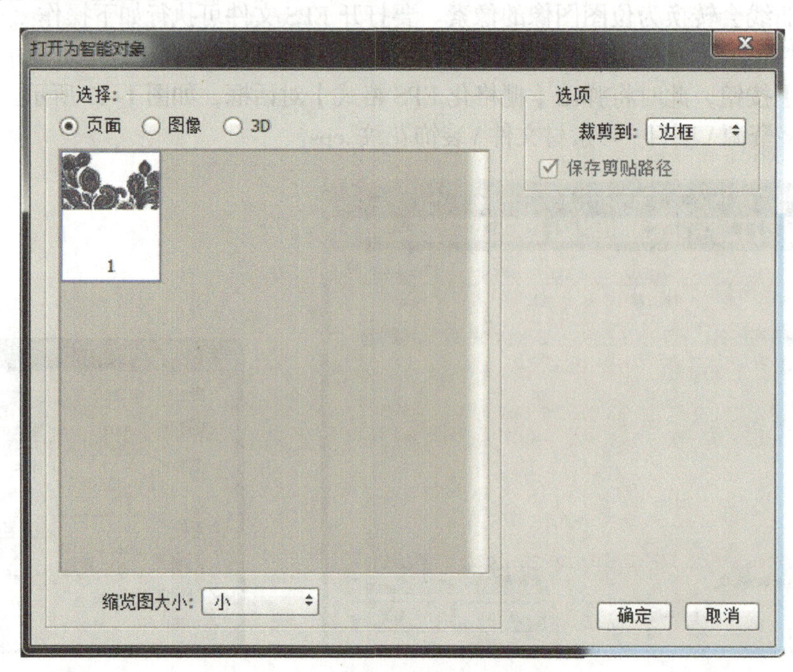

图 1-21　打开为智能对象对话框

（3）可以从【裁剪到】下拉菜单中选择一个命令，指定裁剪的方式。选择【边框】表示裁剪到包含页面所有文本和图形的最小矩形区域，多用于去除多余的空白；选择【媒体框】表示裁剪到页面的原始大小；选择【裁剪框】表示裁剪到文件的剪切区域，即裁剪边距；选择【出血框】表示裁剪到文件中指定的区域，如折叠、出血等固定且有限制；选择【裁切框】表示裁剪成为得到预期的最终页面尺寸而指定的区域，用于将数据嵌入其他应用程序中。

（4）设置完成后，单击【确定】按钮，即可将文件置入，同时可以看到，在图像的周围显示一个变换框，如图 1-22 所示。

（5）如果此时拖动变换框的 8 个控制点中的任意一个，可以对置入的图像进行放大或缩小操作，如图 1-23 所示。

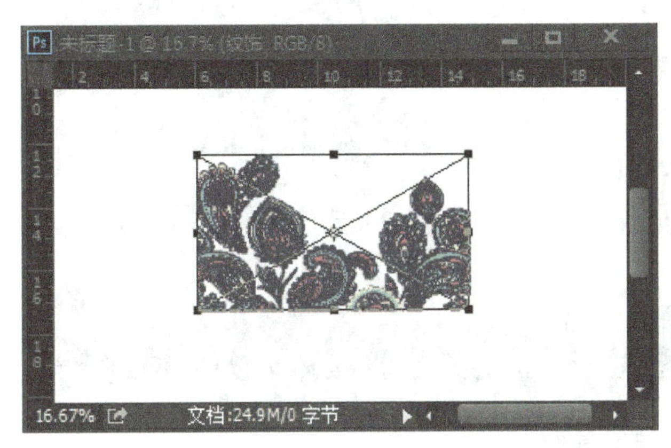

图 1-22　置入效果

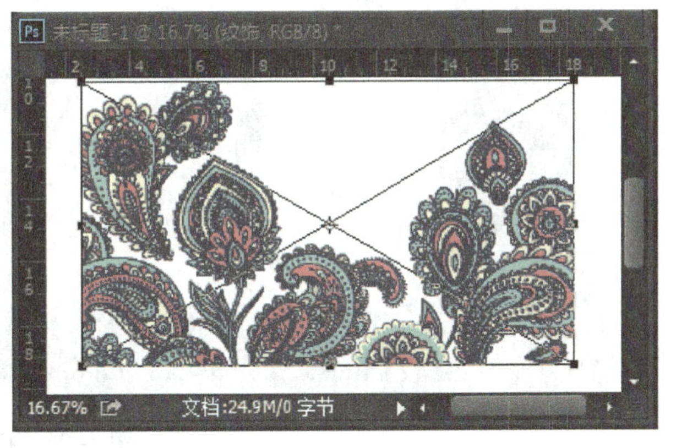

图 1-23　放大图像

（6）按 Enter 键，或在变换框内双击鼠标，即可将矢量文件置入。置入的文件自动变成智能对象，在【图层】面板中将产生一个新的图层，并在该层缩览图的右下角显示一个智能对象缩览图，如图 1-24 所示。

图 1-24　置入后图像及图层显示

1.2.6　将 PSD 格式文件储存为 JPG 格式

当完成一件作品或者处理完成一副打开的图像时，需要将完成的图像进行储存，这时就应用储存命令，存储文件格式非常关键，下面以实例的形式来讲解文件的保存。

（1）首先打开一个分层素材。执行菜单栏中【文件】|【打开】命令，打开数字资源中“宣传图 .psd”文件，可以在【图层】面板中看到当前图像的分层效果。文件地址：数字资源 \ 项目一 \ 素材文件 \ 宣传图 .psd。如图 1-25 所示。

图 1-25　打开的分层图像

（2）执行菜单栏中的【文件】【储存为】命令，打开【储存为】对话框，指定保存的位置和文件名后，在【格式】下拉菜单栏中，选择 JPEG 格式，如图 1-26 所示。

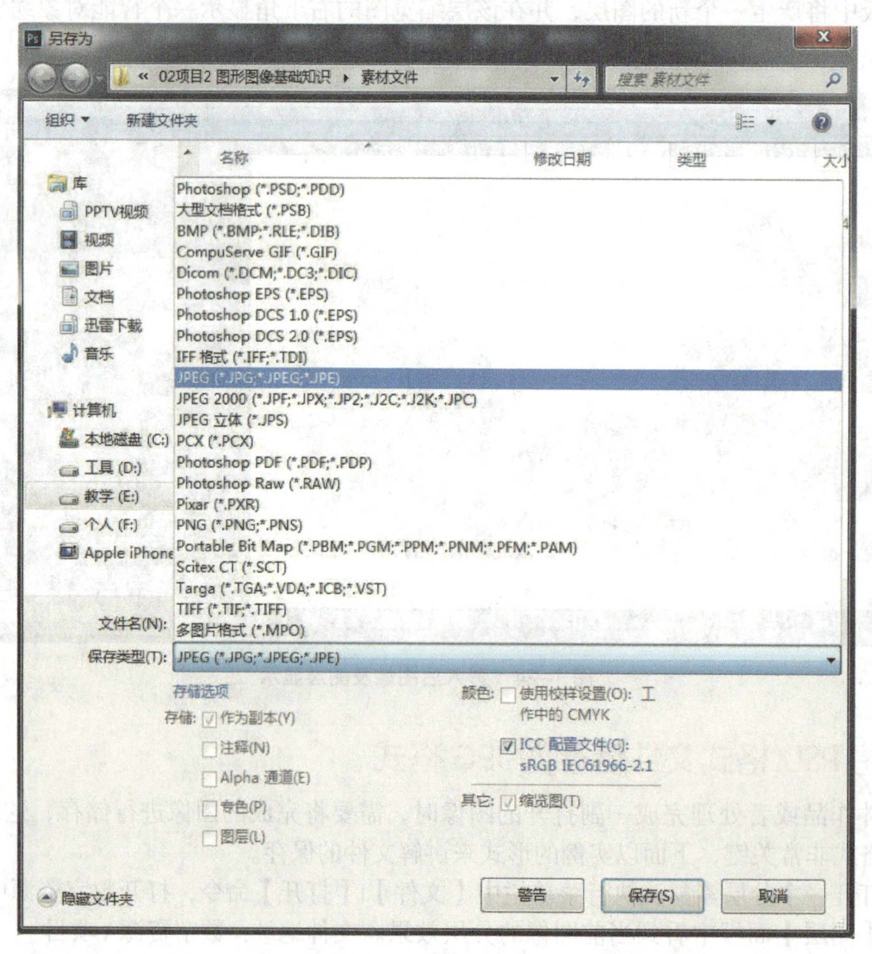

图 1-26　选择 JPEG 格式

【存储】的快捷键为【Ctrl+S】;【储存为】的快捷键为【Shift+Ctrl++S】。

（3）单击【保存】按钮，将弹出【JPEG 选项】对话框，可以对【品质】、【格式选项】等进行设置，然后单击【确定】按钮，即可将图像保存为 JPG 格式，如图 1-27 所示。

注：JPG 和 JPEG 是同一种图像格式，只是一般习惯将 JPEG 简写为 JPG。

（4）保存完成后，使用【打开】命令，打开刚保存的 JPG 格式的图像文件，可以在【图层】面板中看到当前图像只有一个图层，如图 1-28 所示。

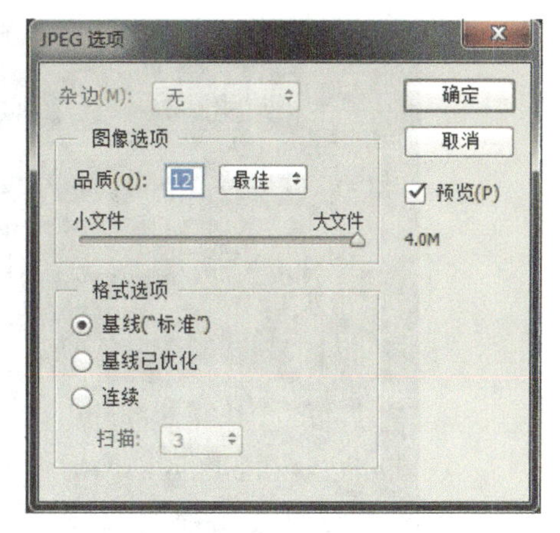

图 1-27　【JPRG 选项】对话框

图 1-28　JPG 格式图像效果

1.2.7　【储存】与【储存为】命令

在【文件】菜单下面有两个命令可以存储文件，分别为【文件】|【存储】和【文件】|【存储为】命令。

当应用【新建】命令，创建一个新的文档并进行编辑后，要将该文档进行保存。这时，应用【存储】和【存储为】命令的性质是一样的，都将打开【存储为】对话框，直接将原文档覆盖。

如果不想将原有的文档覆盖，就需要使用【存储为】命令。利用【存储为】命令进行存储时，无论是新建的文件还是打开的图片都可以弹出【存储为】对话框，如图 1-29 所示，将编辑后的图像重新命名进行存储。

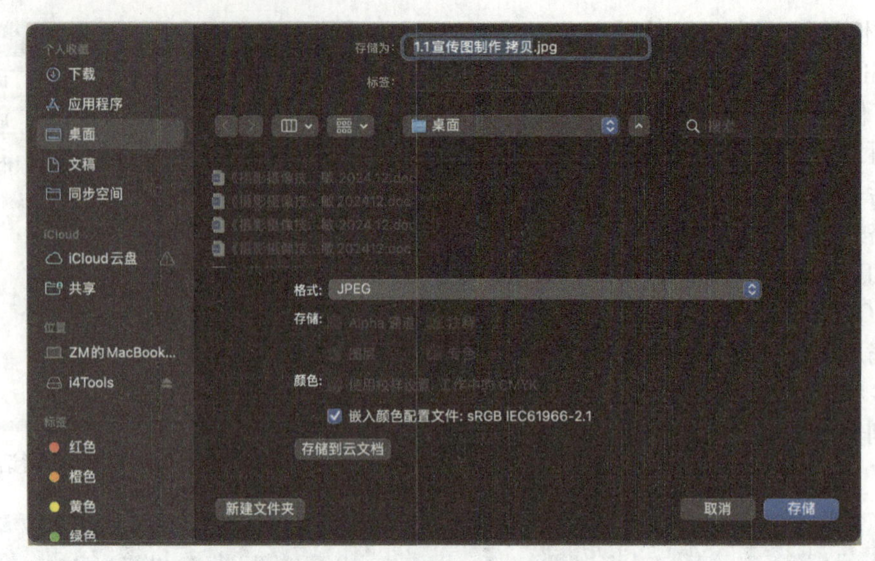

图 1-29 【存储为】文件对话框

【存储为】对话框中各选项的含义分别如下:

(1)【地址栏】:可以在其右侧的下拉菜单中选择要存储图像文件的路径位置。

(2)【文件名】:可以在其右侧的文本框中,输入要保存的文件名称。

(3)【保存类型】:可以从右侧的下拉菜单中选择要保存的文件格式。一般默认的保存格式为PSD格式。

(4)【存储选项】:如果当前文件具有通道、图层、路径、专色或注释,而且在【格式】下拉列表框中选择了支持保存这些信息的文件格式时,对话框中的【注释】、【Alpha通道】、【专色】、【图层】等复选框被激活。【作为副本】可以将编辑的文件作为副本进行存储,保存源文件。【注释】用来设置是否将注释保存,勾选该复选框表示保存批注,否则不保存。勾选【Alpha通道】选项将存储Alpha通道。如果编辑的文件中设置有专色通道,勾选【专色】选项,将保存该专色通道。如果编辑的文件中包含有多个图层,勾选【图层】复选框,将分层文件进行分层保存。

【颜色】:为存储的文件配置颜色信息。

【缩览图】:为存储的文件创建缩览图。默认情况下,Photoshop软件自动为其创建。

1.2.8 关闭文件

图像编辑完成之后,可以单击窗口中的【关闭】按钮关闭文件,或者执行菜单栏中的【文件】|【关闭】命令也可以关闭文件。

【关闭文件】:单机窗口中的【关闭】按钮,或者执行【文件】|【关闭】命令,或按下【Ctrl+W】组合键,都可以关闭当前文件。

【关闭并转到Bridge】:执行【文件】|【关闭并转到Bridge】命令,即可关闭当前文件,并打开Bridge。

【关闭全部文件】:如果打开了多个文件,执行【文件】|【关闭全部文件】命令,可以关闭所有文件。

【退出Photoshop程序】:单击Photoshop程序右上方的关闭按钮,或执行【文件】|【退出】命令,都可以关闭文件并退出程序。

1.2.9 在图像中添加文件简介

为图像添加文件简介,其中包括图像说明、图像来源和图像类型等资料。我们在这里着重讲解为图像添加版权信息。

打开需要添加版权信息的图像文件,执行【文件】|【文件简介】命令,然后打开如图1-30所示的对话框,单击左边菜单中【基本】按钮,在版权状态下拉列表中选择【受版权保护】,在版权公告文本框中输入版权信息,在版权信息URL中输入自己的邮箱,以便别人使用该图片时,能通过该链接转到自己的邮箱,如图1-31所示。

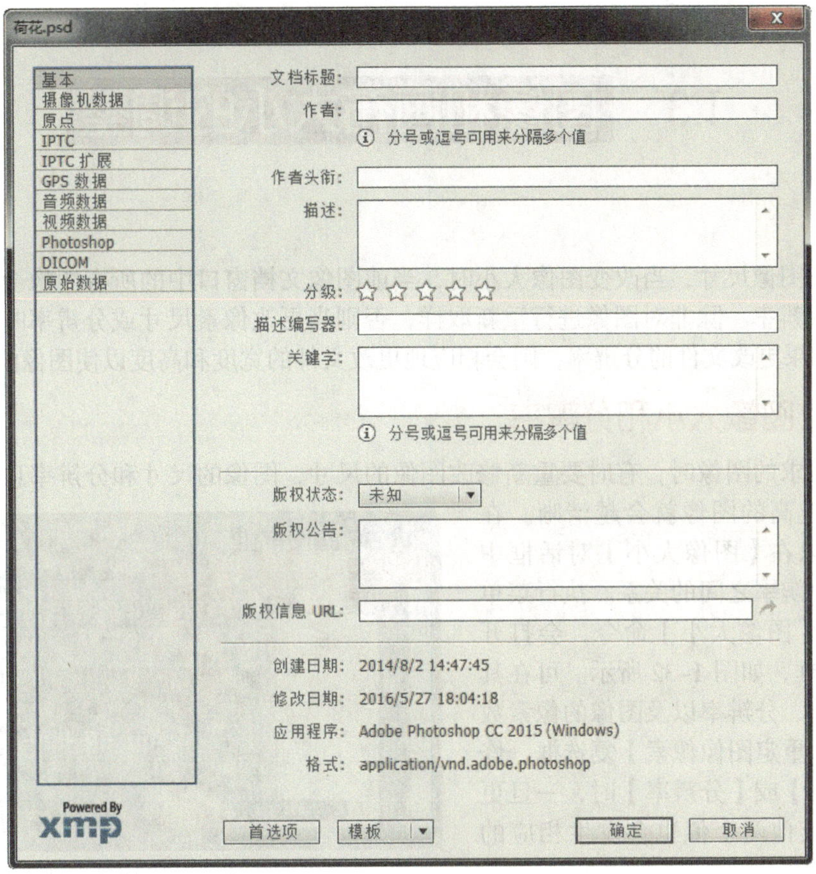

荷花.psd

基本
摄像机数据
原点
IPTC
IPTC 扩展
GPS 数据
音频数据
视频数据
Photoshop
DICOM
原始数据

文档标题：
作者：
ⓘ 分号或逗号可用来分隔多个值
作者头衔：
描述：
分级：☆☆☆☆☆
描述编写器：
关键字：
ⓘ 分号或逗号可用来分隔多个值
版权状态：未知
版权公告：
版权信息 URL：
创建日期：2014/8/2 14:47:45
修改日期：2016/5/27 18:04:18
应用程序：Adobe Photoshop CC 2015 (Windows)
格式：application/vnd.adobe.photoshop

Powered By xmp
首选项 模板 确定 取消

图 1-30 文件简介 对话框

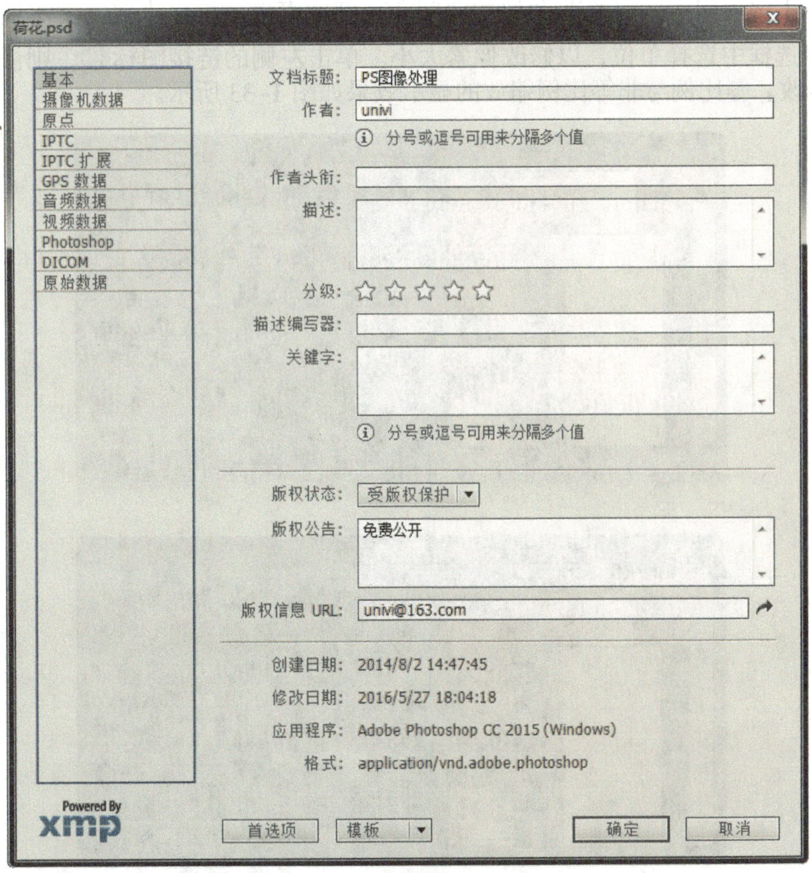

荷花.psd

基本
摄像机数据
原点
IPTC
IPTC 扩展
GPS 数据
音频数据
视频数据
Photoshop
DICOM
原始数据

文档标题：PS图像处理
作者：univi
ⓘ 分号或逗号可用来分隔多个值
作者头衔：
描述：
分级：☆☆☆☆☆
描述编写器：
关键字：
ⓘ 分号或逗号可用来分隔多个值
版权状态：受版权保护
版权公告：免费公开
版权信息 URL：univi@163.com
创建日期：2014/8/2 14:47:45
修改日期：2016/5/27 18:04:18
应用程序：Adobe Photoshop CC 2015 (Windows)
格式：application/vnd.adobe.photoshop

Powered By xmp
首选项 模板 确定 取消

图 1-31 输入相关版权简介

1.3 图像和画布大小的调整

图像大小是指图像尺寸，当改变图像大小时，当前图像文档窗口中的所有图像会随之发生改变，这也会影响图像的分辨率。除非对图像进行重新取样，否则当更改像素尺寸或分辨率时，图像的数据将保持不变。例如，如果更改文件的分辨率，则会相应地更改文件的宽度和高度以使图像的数据保持不变。

1.3.1 修改图像大小和分辨率

在制作不同需求的图像时，有时要重新修改图像的尺寸，图像的尺寸和分辨率息息相关，同样尺寸的图像，分辨率越高的图像就会越清晰。在 Photoshop 中，可以在【图像大小】对话框中查看图像大小和分辨率之间的关系。执行菜单栏中的【图像】|【图像大小】命令，会打开【图像大小】对话框，如图 1–32 所示。可在其中改变图像的尺寸、分辨率以及图像的像素数目。当取消勾选【重定图像像素】复选框，修改【宽度】、【高度】或【分辨率】时，一旦更改某一个值时，其他两个值也会发生相应的变化。

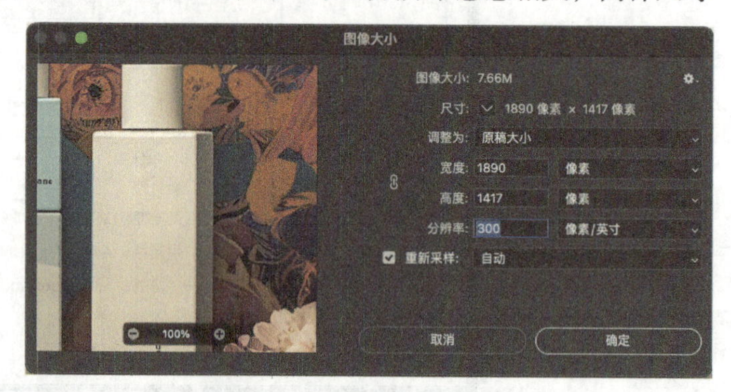

图 1–32 图像大小对话框

1.【像素大小】选项组

在【像素大小】选项组中，可修改图像的宽度和高度像素值。可以直接在文本框中输入数值，并可从右侧的下拉列表选框中选择单位，以修改像素大小。单击左侧的链接图标，则修改参数时会按当前图像的比例进行修改。等比例与非等比例缩放的显示效果如图 1–33 所示。

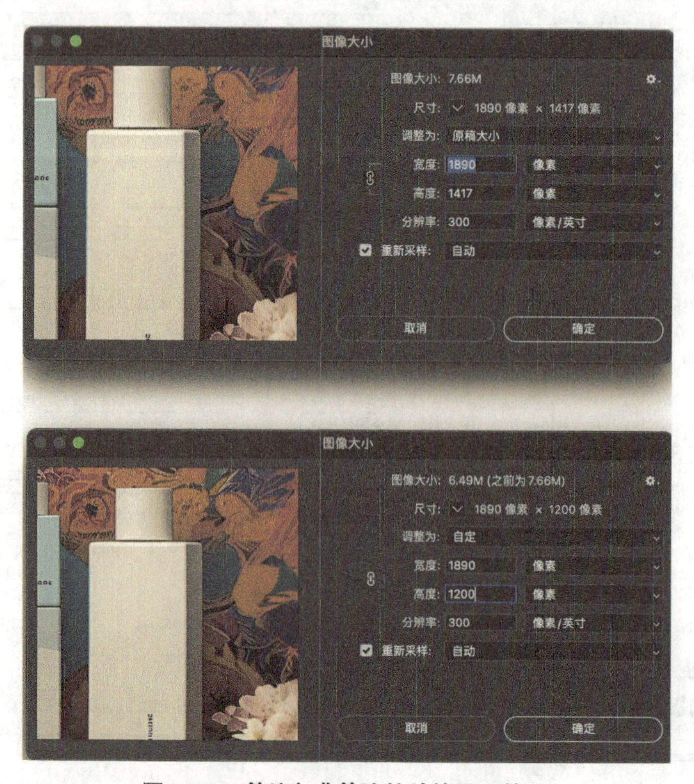

图 1–33 等比与非等比缩放的显示效果

2.【文档大小】选项组

可设定文档的宽度、高度和分辨率，可以直接在文本框中输入数值，并可从右侧的下拉列表框中选择合适的单位，以修改文档的大小。

3. 重新采样

【重新采样】可以指定重新取样的方法，如果不勾选此复选框，在调整图像大小时，像素的数目固定不变，当改变尺寸时，分辨率将自动改变；当改变分辨率时，图像尺寸也将自动改变。取消勾选【重新采样】复选框修改文档大小的效果对比如图 1–34 所示。

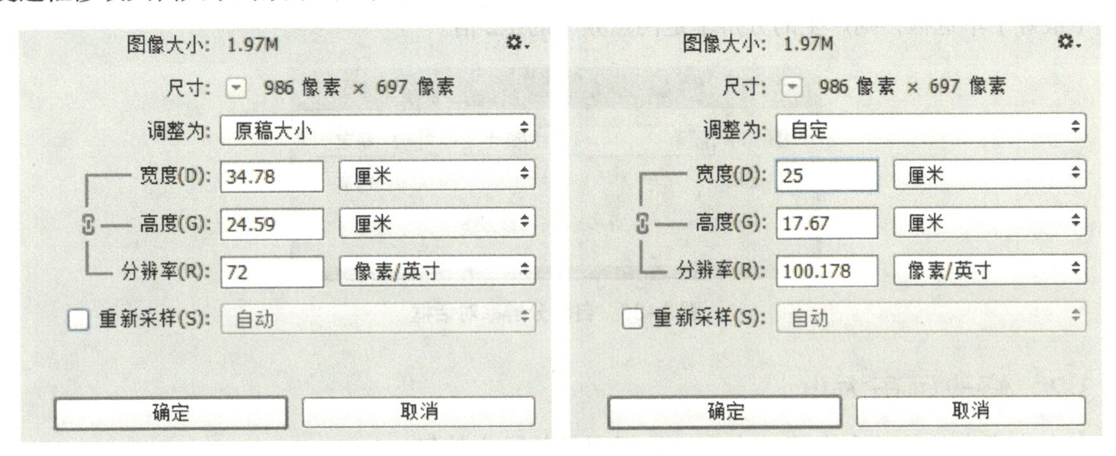

图 1–34　取消勾选重新采样修改文档大小

勾选此复选框，则在改变图像的尺寸或者分辨率时，图像的像素数目会随之改变，此时则需要重新取样。勾选【重定图像像素】修改文档大小的效果对比如图 1–35 所示。

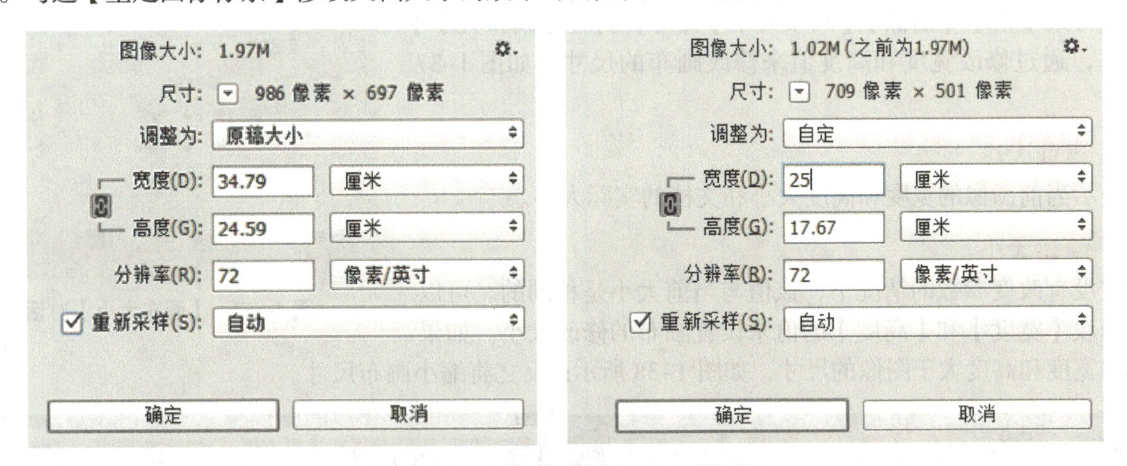

图 1–35　勾选重新采样修改文档大小

如果勾选了【重新采样】复选框，则可以从下方的下拉菜单中，选择一个重新取样的方法。

【保留细节（扩大）】：选择该项，通过这种特殊的算法，能最大限度的降低因图片放大造成的失真。这种算法可在放大图像时提供更好的锐度，是 Photoshop CC 的一大进步。

【两次立方（较平滑）（扩大）】：一种基于两次立方插值且旨在产生更为平滑效果的有效图像放大方法。

【两次立方（较锐利）（缩减）】：一种基于两次立方插值且具有增强锐化效果的有效图像减小方法。此方法在重新取样后的图像中保留细节。如果使用两次立方（较锐利）使图像中某些区域的锐化程度过高时，可尝试使用两次立方（自动）。

【邻近（硬边缘）】：选择该项，Photoshop 会以邻近的像素颜色插入，其结果不太精确，且可能会造成锯齿的效果，在对图像进行扭曲或缩放时或在某个选区上执行多次操作时，这种效果会变得非常明显。但执行速度较快。

【两次线性】：一种通过平均周围像素颜色值来添加像素的方法。该方法可生成中等品质的图像。

【自动】：一种将周围像素值分析作为依据的方法，插补像素时会依据插入点像素的颜色变化情况插入中间色，速度较慢，但精度较高。两次立方使用更复杂的计算，产生的色调渐变，比邻近或两次线性更为平滑。

4. 【自动分辨率】按钮

单击对话框中调整按钮右侧的下拉菜单可以打开【自动分辨率】对话框，如图 1-36 所示。可以在【挂网】右侧的文本框中输入输出设备的网点频率。【品质】选项组用来设置印刷的品质：如果勾选【草图】单选框，则产生的分辨率与网点频率相同；若勾选【好】单选框，则产生的分辨率是网点频率的 1.5 倍；若勾选【最好】单选框，则产生的分辨率是网点频率的 1.2 倍。

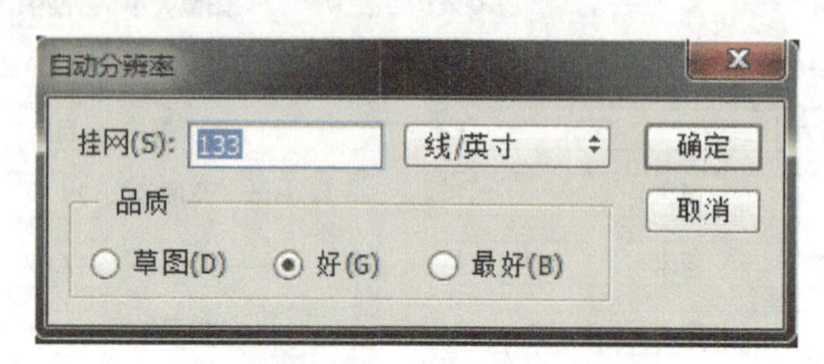

图 1-36　自动分辨率对话框

1.3.2　修改画布大小

画布大小指定的是整个文档的大小，包括图像外的文档区域。需要注意的是，当放大画布时，对图像的大小是没有任何影响的；只有当缩小画布并将多余部分修剪时，才会影响图像的大小。

执行菜单栏中【图像】|【画布大小】命令，打开【画布大小】对话框，通过修改宽度和高度值来修改画布的尺寸，如图 1-37 所示。

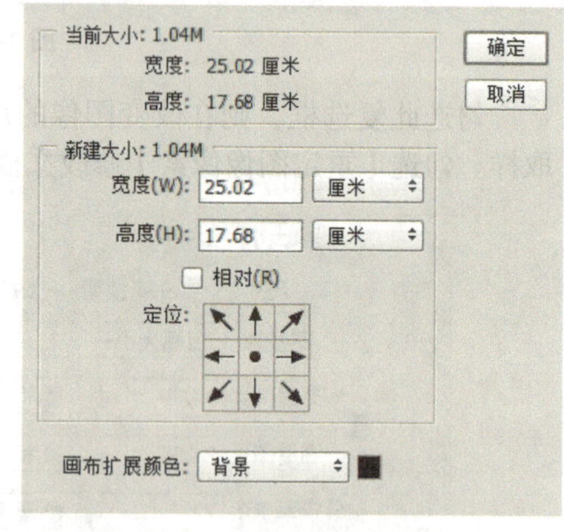

图 1-37　【画布大小】对话框

1. 当前大小

显示当前图像的宽度和高度大小和文档的实际大小。

2. 新建大小

在没有改变参数的情况下，该值与当前大小是相同的。可以通过修改【宽度】和【高度】的值来设置画布的修改大小。如果设定的宽度和高度大于图像的尺寸，如图 1-38 所示；反之将缩小画布尺寸。

图 1-38　扩大画布后的效果

3. 相对

勾选该复选框，将在原来尺寸的基础上修改当前画布大小。即只显示新画布在原画布基础上放大或缩小的尺寸值。正值表示增加画布尺寸，负值表示缩小画布尺寸。

4. 定位

在该显示区中，通过选择不同的指示位置，可以确定图像在修改后的画布中的相对位置，有 9 个指示位置可以选择，默认为水平、垂直居中。不同的定位效果如图 1–39 所示。

5. 画布扩展颜色

【画布扩展颜色】用来设置画布扩展后显示的背景颜色。可以从右侧的下拉菜单中选择一种颜色，也可以自定义一种颜色。还可以单击右侧的颜色块，打开【选择画布扩展颜色】对话框来设置颜色。不同画布扩展颜色的显示效果如图 1–40 所示。

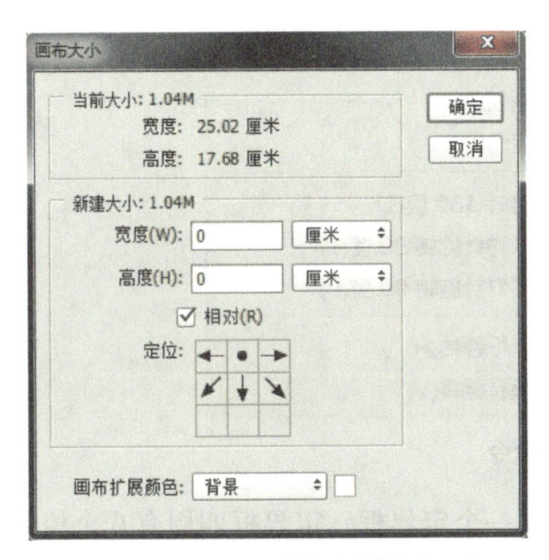

图 1–39　不同的定位效果

图 1–40　不同画布扩展颜色

1.3.3　限制图像大小

执行菜单栏中的【文件】|【自动】|【限制图像】命令，将打开【限制图像】对话框，如图 1–41 所示。修改其中的参数，可以改变图像的像素数量，将其限制为指定的宽度和高度，但是不会改变图像的分辨率。

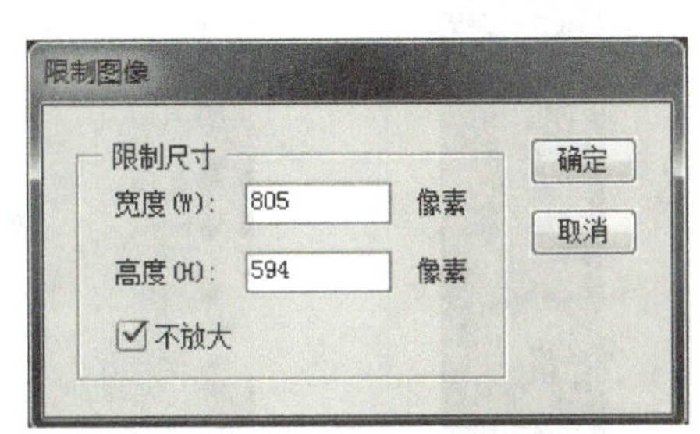

图 1–41　限制图像对话框

1.4　图像的变形和变形操作

图像处理的基本方法有扭曲、斜切、移动、缩放和旋转，其中斜切和扭曲称为变形操作，移动、缩放和旋转称为变换操作。以下，我们来学习如何进行变换和变形操作。

1.4.1　定界框、控制点和中心点

选中需要变换或变形的图层、矢量形状、路径或者图像，执行【编辑】|【变换】下拉菜单中的各种

变换命令，就可以对它们进行变换操作。如图 1-42 所示。

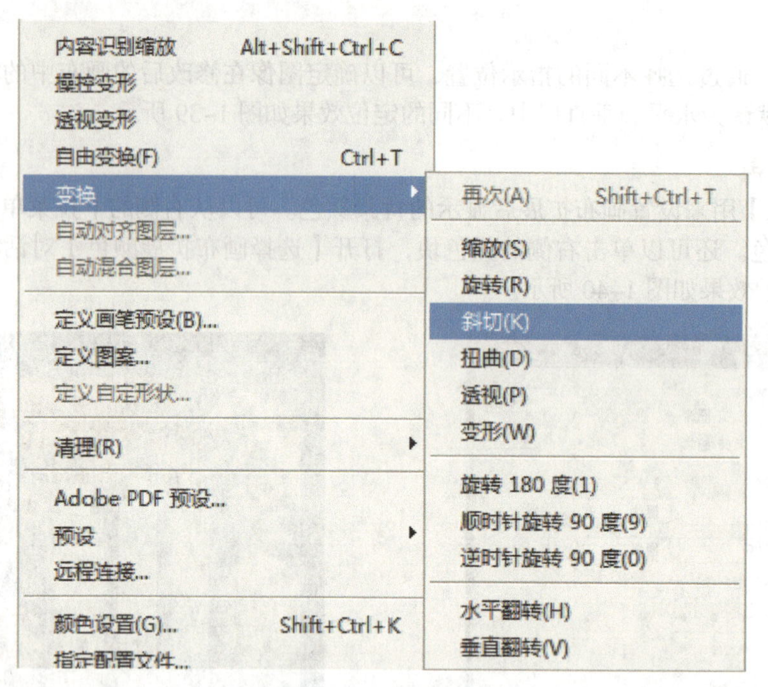

图 1-42　执行变换命令

当我们执行上面这些变换命令时，当前对象周围将出现一个定界框，定界框四周有八个控制点，中央有一个中心点，如图 1-43 所示。拖动控制点可以进行操作，默认情况下，中心点位于对象中心，定义对象的变换中心。如图 1-44 所示为移动中心点旋转图像的效果。按下 Ctrl+T 组合键或执行【编辑】|【自由变化】命令，也可以显示定界框。

图 1-43　显示变换定界框

图 1-44　移动中线点旋转图像效果

执行【编辑】|【变换】下拉菜单中的命令，可直接对图像进行变换，而不用显示定界框，如【旋转 180°】、【旋转 90°（顺时针）】、【旋转 90°（逆时针）】、【水平旋转】和【垂直旋转】。

1.4.2　移动图像

工具箱中最常见的工具之一是【移动工具】，因为无论是要移动选区内的图像、图层，还是将图像在不同文档中移动，都需要【移动工具】。

1. 在同一文档中移动图像

（1）在【图层】面板中选择要移动的对象图层，如图 1–45 所示。

图 1–45　选中对象图层

（2）将光标放在图层对应的图像上，单击并移动图像，如图 1–46 所示。

图 1–46　移动图像效果

（3）如果创建了选区，将光标放在选区内，拖动鼠标，可以将选区内的图像移动到另一个位置，如图 1–47 所示。

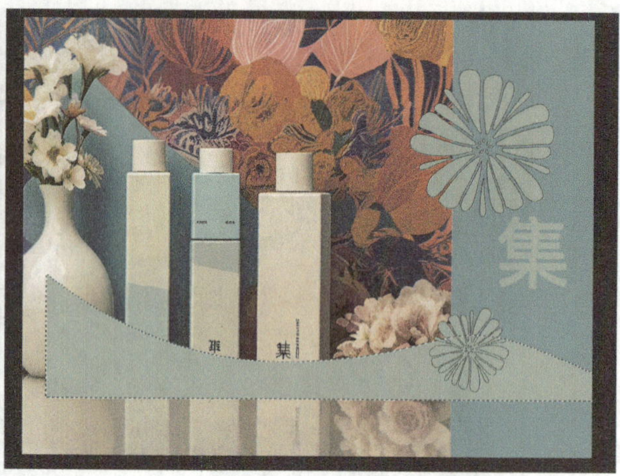

图 1–47　移动选区效果

2. 在文档与文档之间移动图像

（1）打开两个文档，然后选择【移动工具】，单击并拖动要移动的图像到另一个文档窗口的标题栏，如图 1–48 所示。停留几秒，转到该文档窗口，如图 1–49 所示。

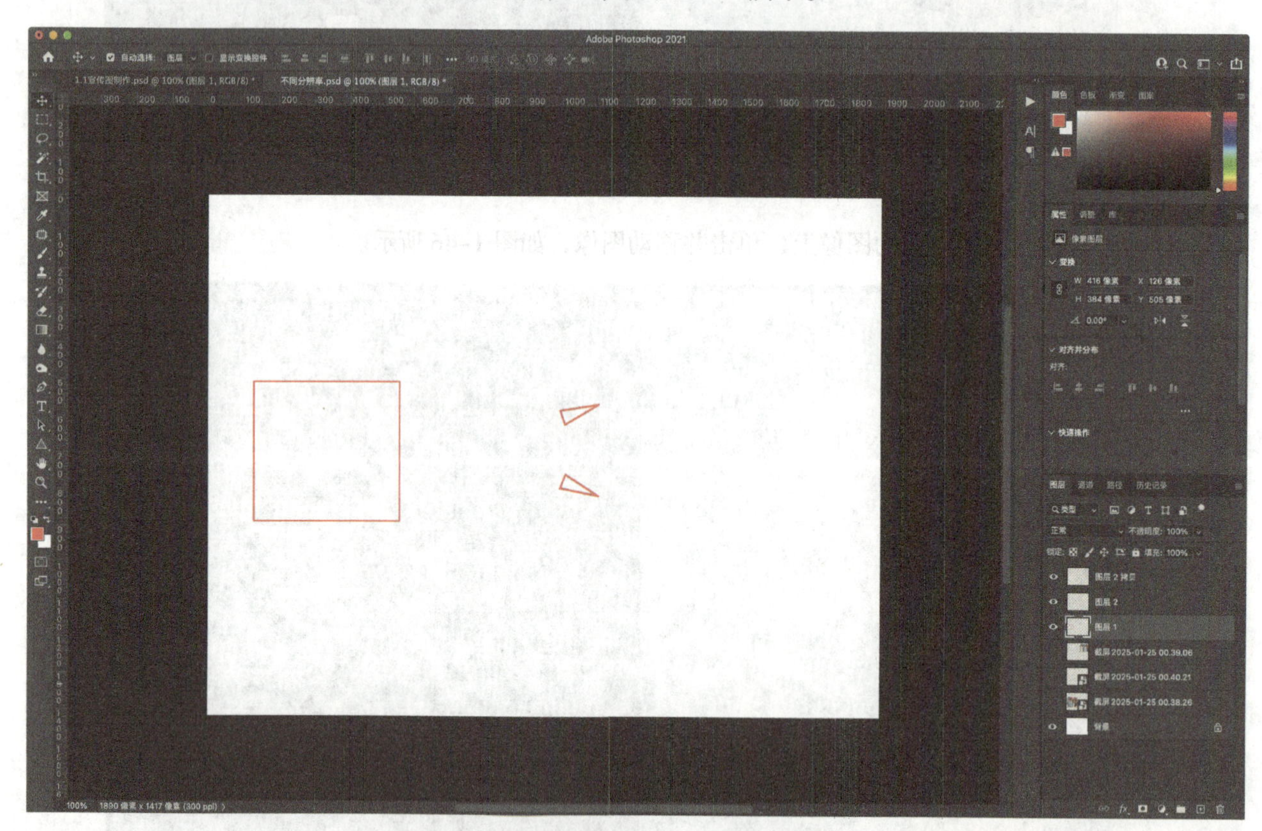

图 1–48　拖动图像到另一个窗口标题栏

图 1-49　转到另一个文档窗口

（2）将鼠标移动到画面，释放鼠标，即可将图像移动到该文档中，如图 1-50 所示。

图 1-50　移动图像到另一个文档中

1.5 图像打印与输出

在 Photoshop 中，图像的打印与输出是将设计作品转化为实际物理介质或适用于其他应用场景的重要环节，以下是具体的操作步骤和相关要点。

1.5.1 打印设置

（1）打开打印对话框：在 Photoshop 中，依次点击“文件”→“打印”，即可打开打印对话框，也可使用快捷键 Ctrl+P（Windows 系统）/Command+P（Mac 系统）。

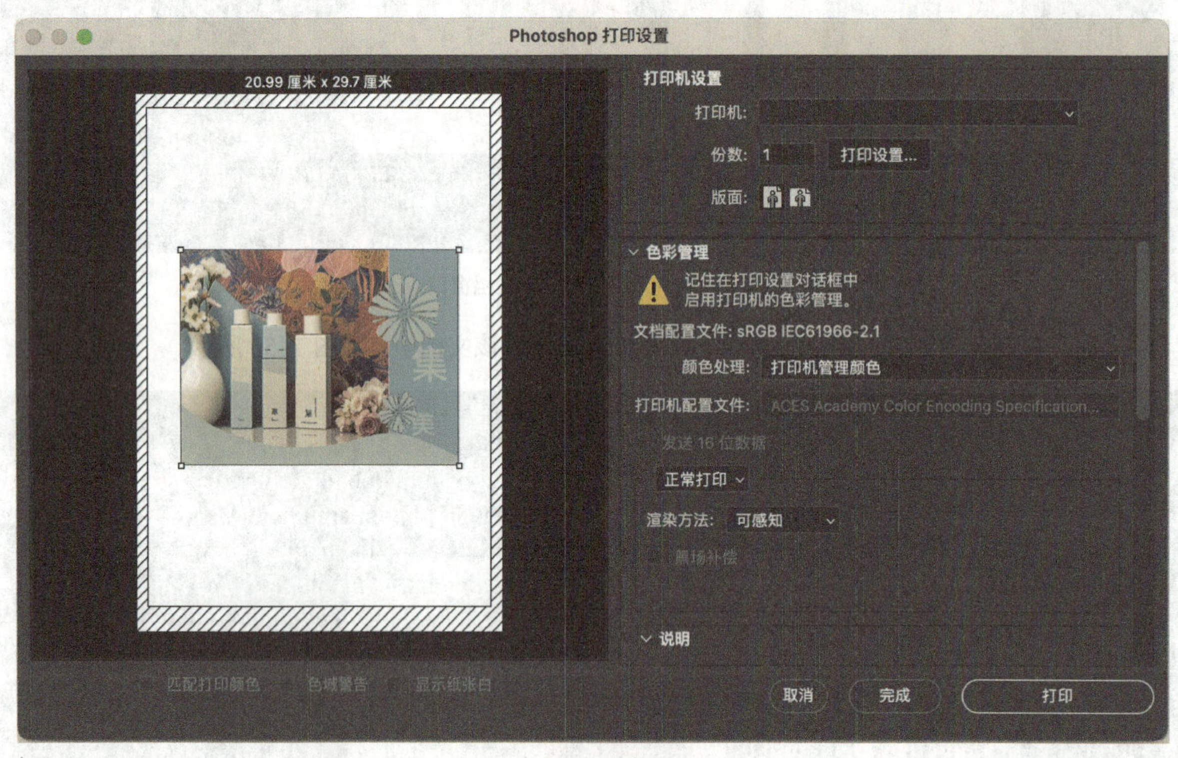

图 1-51 打印对话框

（2）选择打印机：在打印对话框的“打印机”下拉菜单中，选择要使用的打印机。确保打印机已开启并与电脑正确连接或处于网络共享状态。

（3）设置打印范围。①全部：打印整个图像。②所选区域：若在图像中已创建选区，可选择打印所选区域。③页面：可指定打印特定的页面范围，如输入“1-3”表示打印第 1 页到第 3 页。

（4）设置打印份数：在“份数”框中输入要打印的份数。若需要多份且希望每份按顺序排列（如 1、2、3，1、2、3），可勾选“逐份打印”选项。

（5）调整打印尺寸和方向。①尺寸：在“页面设置”或“打印设置”中，可选择纸张大小，如 A4、A3 等，也可自定义尺寸。“缩放以适合介质”选项可自动调整图像大小以适应纸张。②方向：有“纵向”和“横向”两种选择，根据图像内容和打印需求确定。

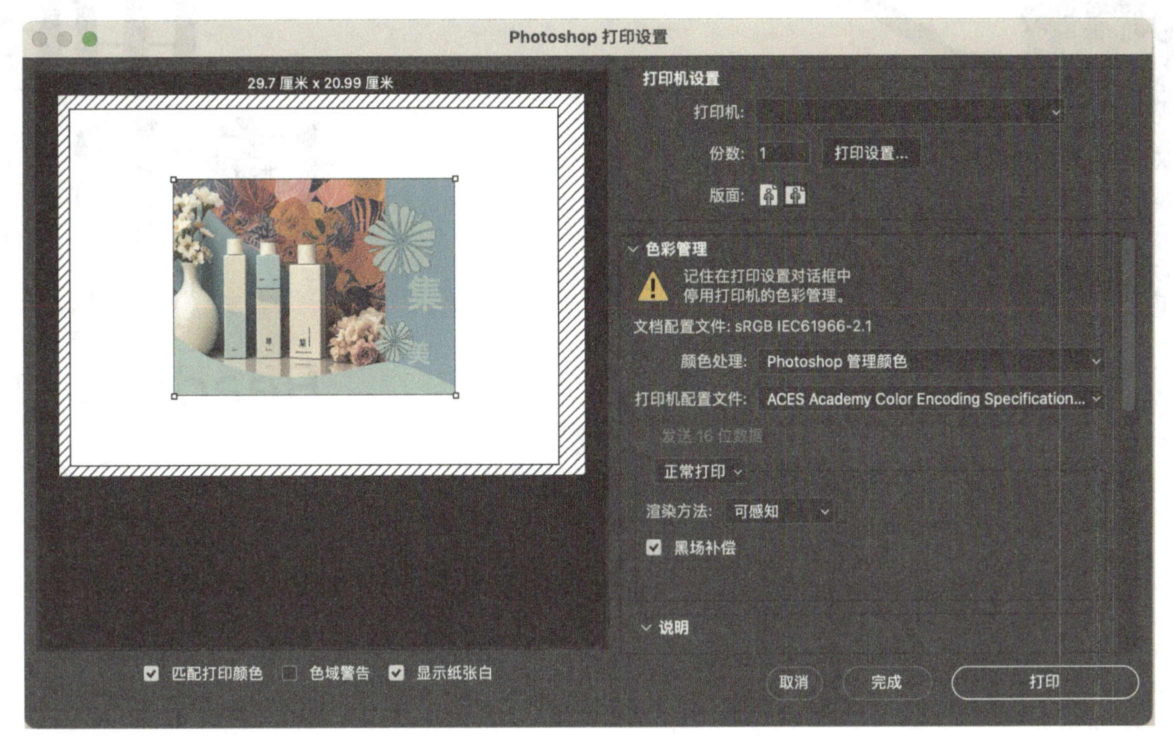

图 1-52　打印页面横向和纵向

（6）色彩管理。①配置文件：通常选择与打印机和纸张匹配的色彩配置文件，以确保颜色准确。②渲染意图：一般“可感知”适用于照片，“相对比色”适用于大多数图形和文本。

1.5.2　输出设置

输出为以下常见图像格式。

（1）JPEG：常用于照片和网络图像，具有高压缩比，可在“品质”选项中调整压缩程度，取值越高，图像质量越好，但文件体积也越大。

（2）PNG：支持透明背景，适合图标、Logo 等需要透明效果的图像，有不同的压缩级别可选，一般默认设置即可满足需求。

（3）PSD：Photoshop 的原生格式，其保留了所有图层、通道、路径等编辑信息，便于后续修改，但文件体积较大，主要用于作品的源文件保存。

（4）PDF：输出为 PDF，选择“文件”→“存储为”，在格式下拉菜单中选“PDF”。在弹出的 PDF 选项对话框中，可设置图像品质、是否包含图层等。若用于打印，建议选择较高的图像品质；若用于网络分享，可适当降低品质以减小文件大小。

（5）输出为特定设备或平台所需格式。①用于印刷：通常输出为 CMYK 模式的 TIFF 或 EPS 格式，确保颜色模式与印刷要求一致，同时要注意图像分辨率应达到 300dpi 或更高。②用于移动设备：根据不同平台的要求，可能需要输出特定尺寸和格式的图像。如 iOS 应用图标需提供多种尺寸的 PNG 图像。 在进行打印与输出前，最好先进行打印预览，查看图像的排版、色彩等是否符合预期，如有问题及时调整。

小结

本项目主要介绍使用 Photoshop CC 进行图形图像设计的基础知识及基本操作，通过本项目的学习，应对 Photoshop CC 有了进一步的了解，能够熟练地掌握 Photoshop CC 文档的基础编辑方法。

项目二　海报设计

内容摘要

海报设计在漫长的发展过程中，形成了独特的风格和特点，从而使海报成为具有很高艺术品味和艺术价值的设计作品，其应用也越来越广。本项目主要介绍创意海报的概念、分类及原则，以及使用 Photoshop CC 制作各种海报的常用方法。

项目学习目标

知识目标：

1. 认识位图和矢量图，认识分辨率及图像存储格式。
2. 掌握文件的创建、打开、置入和存储的方法。掌握画布大小、图像大小的修改方法
3. 了解图像的变形和变换操作，理解 Photoshop 中图像打印与输出的基本概念和原理。

能力目标：

1. 能够针对不同用途图片进行分辨率设置。
2. 熟练修改图像文件大小，达到特定尺寸需求。
3. 掌握图像存储和输出的最佳实践，能够根据不同的需求，准确地将图像输出为 JPEG、PNG、PSD、PDF 等常见格式，并掌握各格式输出时的参数调整。

素养目标：

1. 通过实际操作和案例练习，学生能够体验图像创建与输出的完整过程，提高动手操作能力和解决实际问题的能力。
2. 在设置图像过程中，培养学生的观察能力和分析能力，学会根据具体情况选择合适的设置。
3. 引导学生自主学习和合作学习，通过查阅资料、互相交流等方式，拓展对图像打印与输出知识的了解，提高学习效率和自主探究能力。

2.1 什么是海报设计

海报“poster”，即招贴、宣传画，海报设计是被投放在公众场合用以传递信息以达到宣传目的的最常用的广告形式，也叫招贴设计。海报设计包括创意图形设计、字体设计和版式设计 3 个部分。

整体而言，海报设计分为商业和非商业两大类，即商业海报和公益海报。按照服务领域和组合形式又可分成不同类型。一个好的海报设计不仅可以让信息快速、准确、有效地传递到位，还可以让海报具有新颖、创意、冲击力强的视觉效果，充分体现海报的定位和特点。

2.2 海报设计的原则

海报设计只有张贴在公共场所才能体现出它应有的价值，海报具有 4 个特征：①画面大，传播面广，远视强。②具备强烈的视觉冲击力。③内容多样，发布形式灵活，创意卓越。④发布信息快，制作成本低，可以不断重复。

设计海报时应遵循以下三个原则。

1. 简洁明确，一目了然

为了使人在一瞬间、一定距离外能看清楚所要宣传的事物，海报在设计中往往采取一系列假定手法，突出重点，删去次要的细节，甚至背景，并把不同时间、不同空间发生的活动组合在一起。设计时也经常运用象征手法，启发人们的联想。

2. 以少胜多，以一当十

海报属于“瞬间艺术”。要做到在有限的时空里让人过目难忘、回味无穷，就需要做到“以少胜多，以一当十”。设计时通常从生活的某一侧面而不是从一切侧面来再现现实。在选择设计题材的时候，选择富有代表性的现象或元素，可以产生“言简意赅”的好作品。

3. 表现主题，传达内容

设计理念必须成功地表现主题，清楚地传达海报的内容信息，才能使观众产生共鸣。因此设计者在构思时，一定要了解海报的内容，才能准确地表达主题的中心思想，在此基础之上，才能有的放矢地进行创意表现。

2.3 读书日海报设计新文本

【任务背景】

以读书日为主题设计一张宣传海报。

【任务要求】

通过合成图形传达出信息，需要给观者一种传统文化的美感，为了更好地体现氛围，要求任务的配色为黑白对比色调。

【任务分析】

根据任务的要求，主要符合主题思想，任务考虑体现中国传统文化、宣传读书日。在设计执行中，此任务主要使用到 Photoshop CC 中的滤镜和剪切蒙版。

【任务实施】

素材文件地址：数字资源 \ 项目二 \ 素材文件 \ 读书日海报。

效果文件地址：数字资源 \ 项目二 \ 效果文件 \ 读书日海报 .psd。

（1）执行【文件】|【新建】命令，新建 210×297 毫米的画布，背景为白色。具体参数设置如图 2–2 所示。

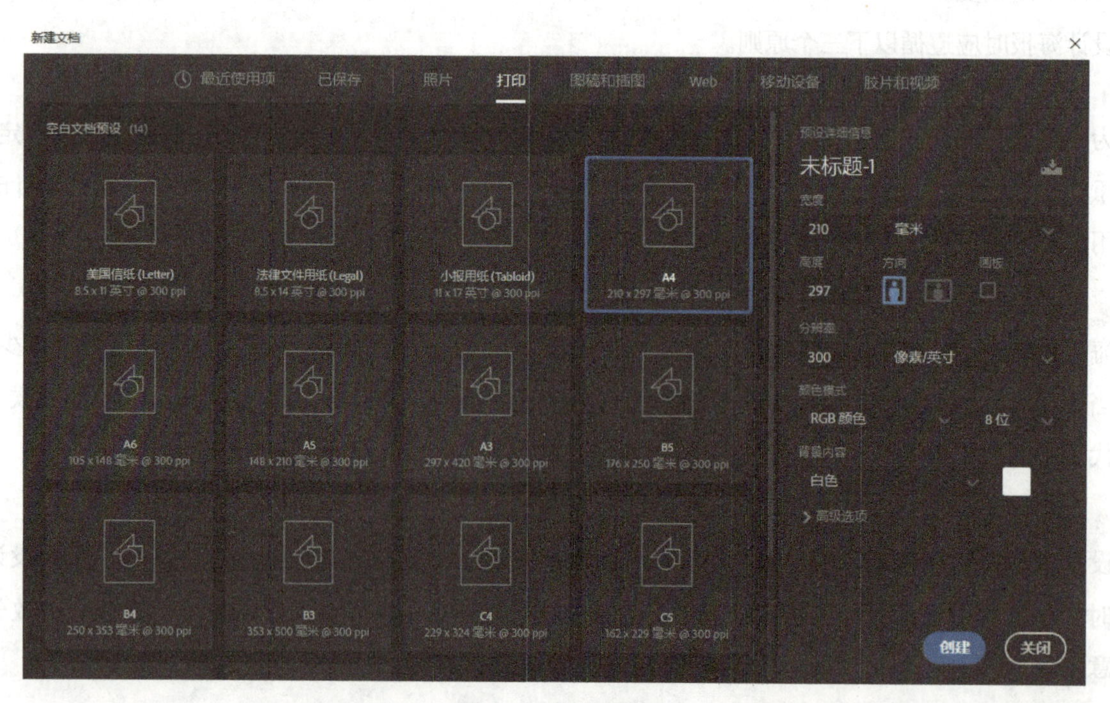

图 2–2 新建文档

（2）执行【文件】|【打开】命令，打开数字资源中的素材文件“年轮 .png”，把“年轮 .png”图片直接拖拽到刚刚新建的画布中，放置在合适的位置，如图 2–3 所示。

（3）在图层面板中，把混合模式改为正片叠底，如图 2–4 所示。

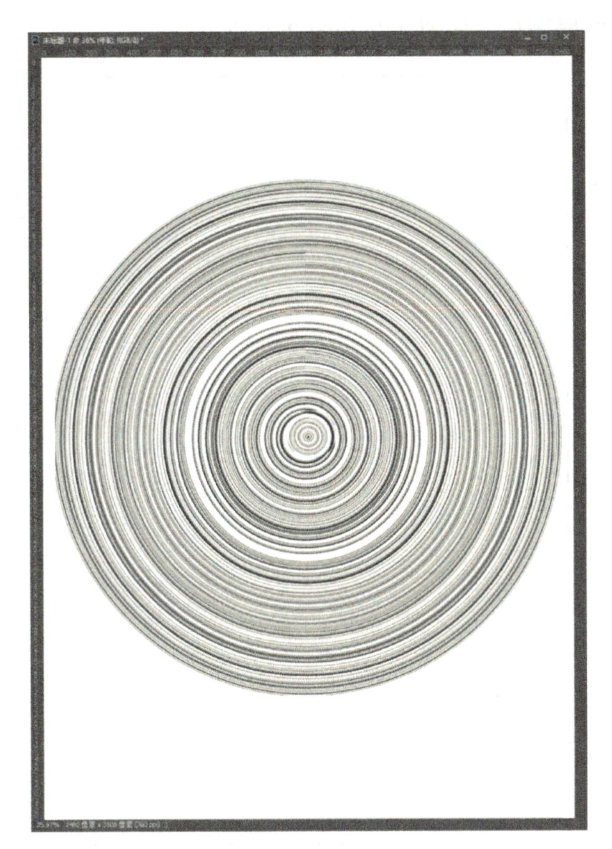

图 2-3　素材放置合适的位置

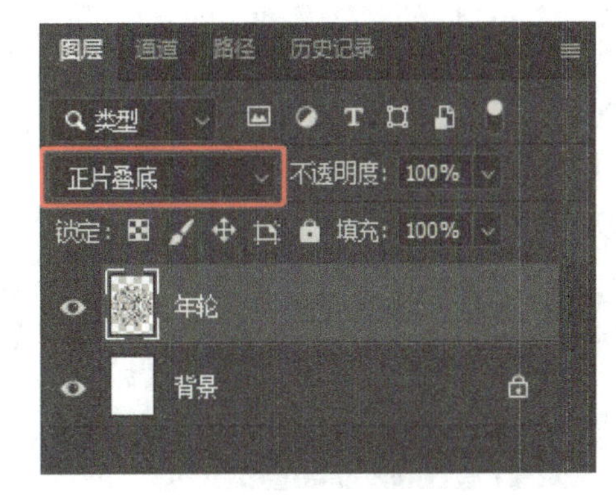

图 2-4　正片叠底

（4）执行【滤镜】|【滤镜库】命令，找到【画笔描边】中的【成角的线条】，具体参数设置如图 2-5 和图 2-6 所示。

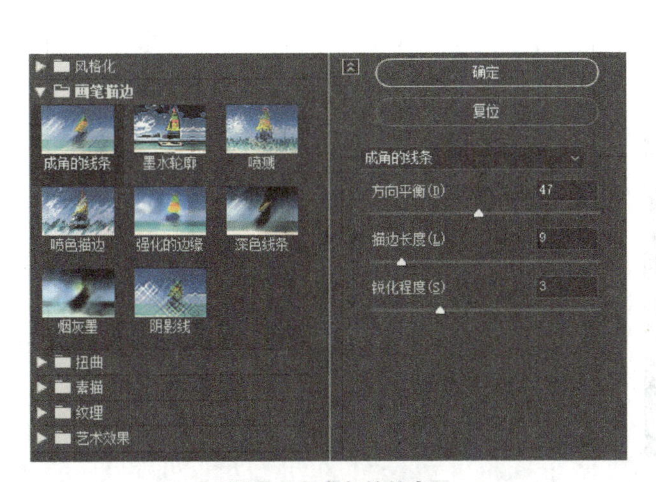

图 2-5　成角的线条

图 2-6　显示效果（1）

（5）使用【曲线】命令（快捷键 Ctrl+M）将年轮图层调亮，如图 2–7 和图 2–8 所示。

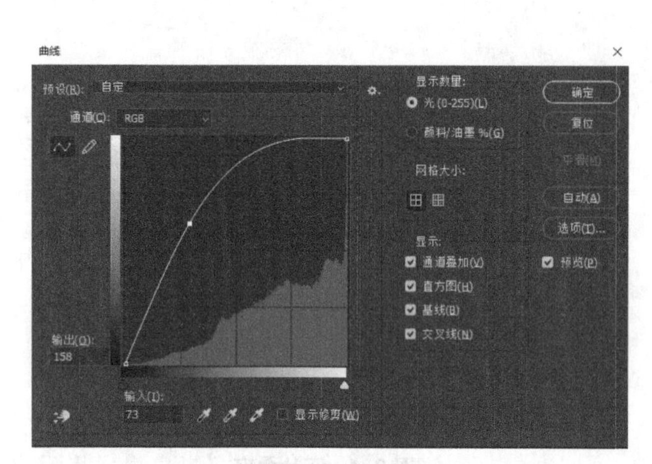

图 2–7　曲线

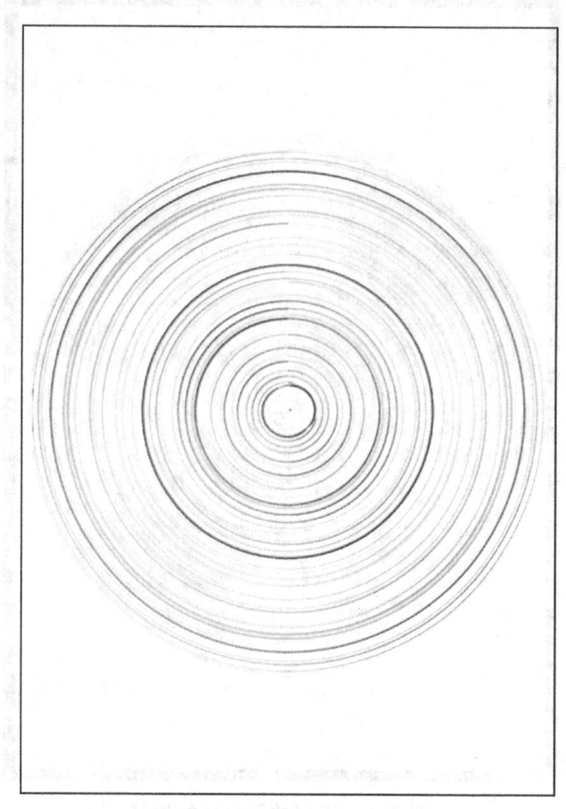

图 2–8　显示效果（2）

（6）执行【滤镜】|【扭曲】|【波浪】命令，找到【画笔描边】中的【成角的线条】，具体参数设置如图 2–9 和图 2–10 所示。

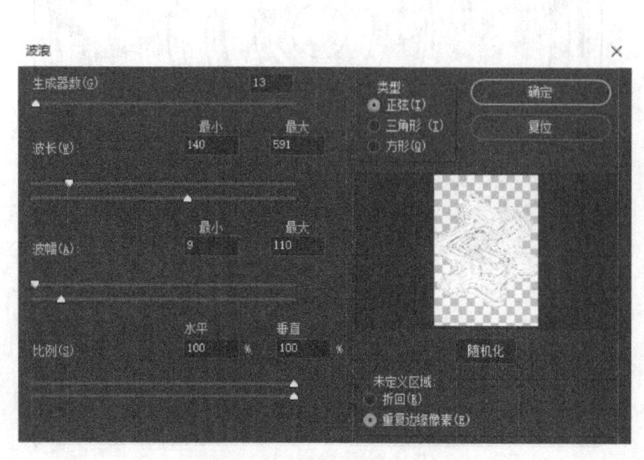

图 2–9　波浪数值参考

图 2–10　显示效果（3）

（7）将年轮图层进行自由变换，调整到合适的大小和位置（快捷键 Ctrl+T），再按回车键确定。把图层不透明度降至 10%，如图 2-11 和图 2-12 所示。

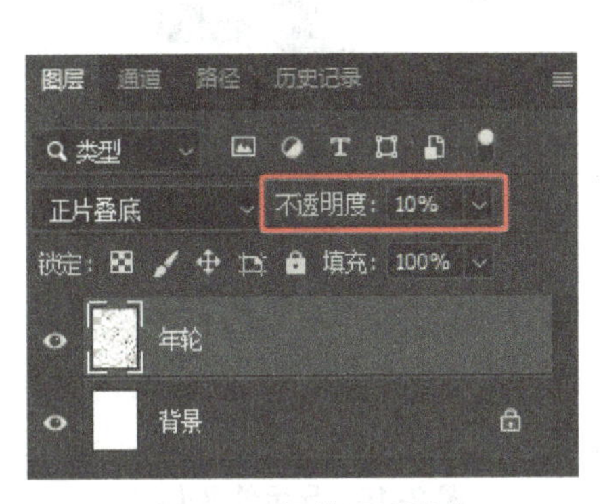

图 2-11　调整不透明度

图 2-12　显示效果（4）

（8）打开数字资源中的素材文件“文字 .png”，把“文字 .png”图片直接拖拽到画布中，放置在合适的位置，如图 2-13 所示。

（9）打开数字资源中的素材文件“纹理 .psd”，把“纹理 .psd”图片直接拖拽到画布中，放置在文字图层上层，调整到合适的大小，再利用【剪切蒙版】（快捷键 Ctrl+Alt+G），将纹理图层放入至文字图层中。如图 2-14 所示。

图 2-13　显示效果（5）

图 2-14　显示效果（6）

（10）执行【图像】|【调整】|【取色】命令，将纹理图层变为黑白，再利用【色阶】（快捷键 Ctrl+L）增强纹理图层的对比度，如图 2-15 和图 2-16 所示。

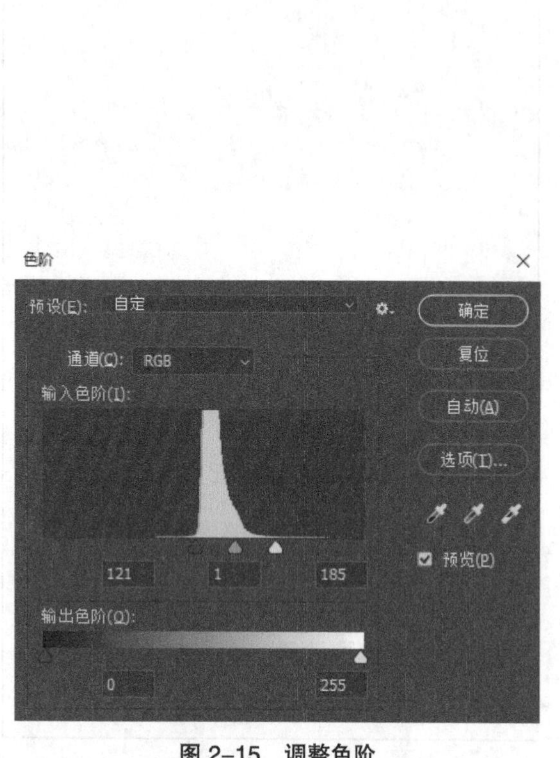

图 2-15　调整色阶

图 2-16　显示效果（7）

（11）将纹理图层按住 Alt 键复制几份，让纹理图层布满文字，再将所有纹理图层和文字图层一并选中，按（Ctrl+E）合并，如图 2-17 和图 2-18 所示。

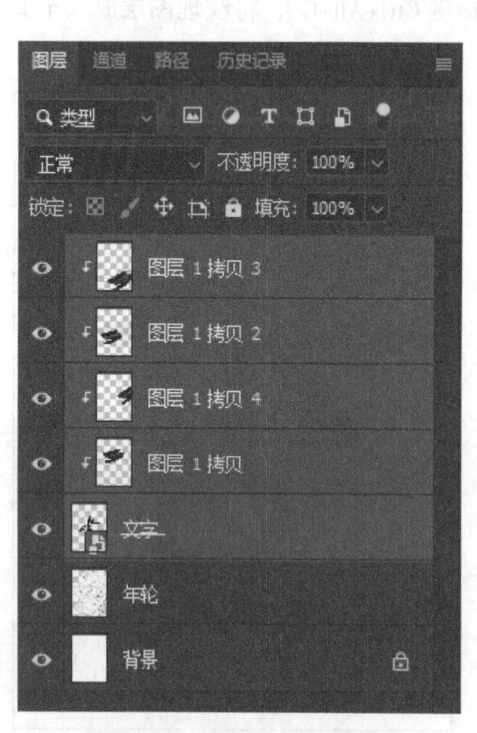

图 2-17　选中图层进行合并

图 2-18　显示效果（8）

（12）将合并后的新图层进行自由变换（快捷键 Ctrl+T）。自由变换时可点击右键进行扭曲变换，将“书”字调整为合适的大小和透视，如图 2-19 所示。

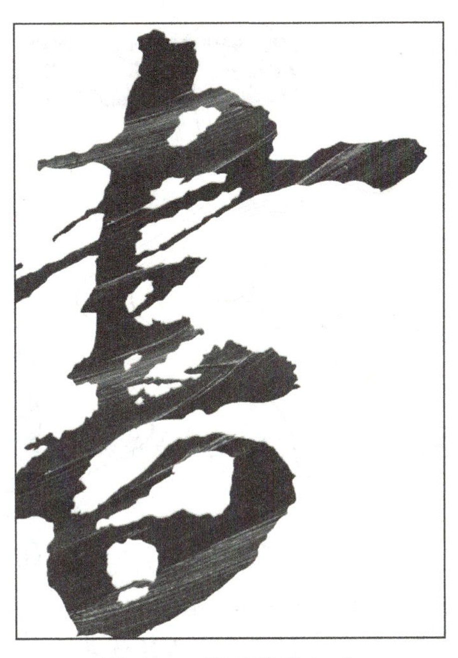

图 2-19　显示效果（9）

（13）执行【文件】|【打开】命令，打开数字资源中的素材文件“雕像 .png”，把“雕像 .png”图片直接拖拽到刚刚新建的画布中，放置在合适的大小和位置，再排列合适的文字，再将数字资源中的素材文件“毛笔 .psd”中的毛笔笔触合理的排版在画面中，如图 2-20 所示。

图 2-20　显示效果（10）

2.4 运动鞋海报

图 2-21 运动鞋海报设计

【任务背景】

以《运动鞋海报》为题设计一张商业海报。

【任务要求】

为了体现出运动、轻快的效果，要求任务设计的重点是和产品色调统一、画面有运动感。

【任务分析】

根据任务的要求，把产品色调和背景色调统一，将海报边缘制 作出旋转效果，突出产品本身。比较具有视觉冲击力的效果。在设计执行中，此项目主要使用到 Photoshop CC 中的模糊命令与自由变换命令。

【任务实施】

效果文件地址：数字资源 \ 项目二 \ 效果文件 \ 运动鞋海报.psd

（1）执行【文件】|【新建】命令，新建一个 A4 大小的空白文档，并将背景填充为深蓝浅蓝的渐变，再把球鞋素材放置在画布合适的位置，如图 2-22 所示。

图 2-22 显示效果

（2）用浅蓝色到透明的渐变从海报底部再拉一层渐变，如图 2–23 和图 2–24 所示。

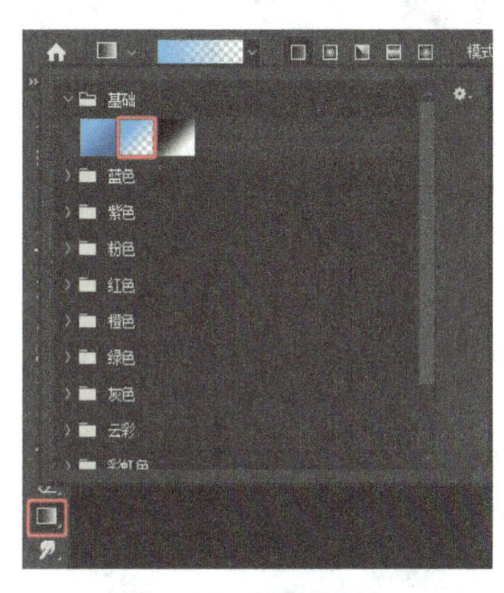

图 2–23　透明的渐变

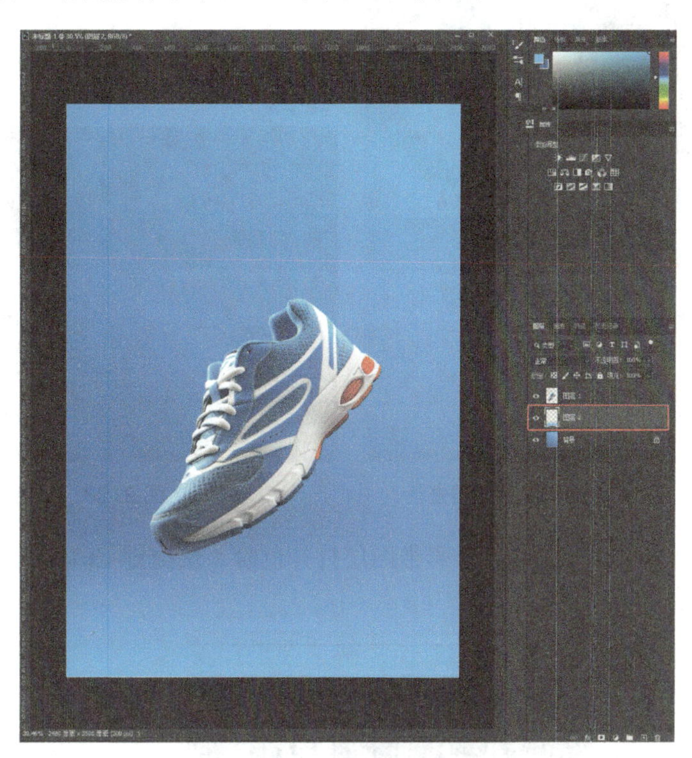

图 2–24　显示效果

（3）新建图层，为运动鞋绘制一个投影选区，并将其羽化（Shift+F6），如图 2–25 所示。

（4）用黑色到透明的渐变，将投影渐变成如图 2–26 所示的效果。

（5）将素材库中的彩带素材拖入至画布中，并复制、缩放、旋转，如图 2–27 所示。

图 2–25　羽化

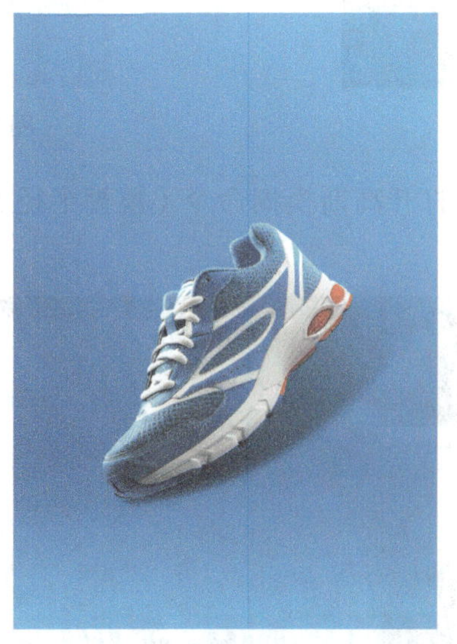

图 2–26　投影

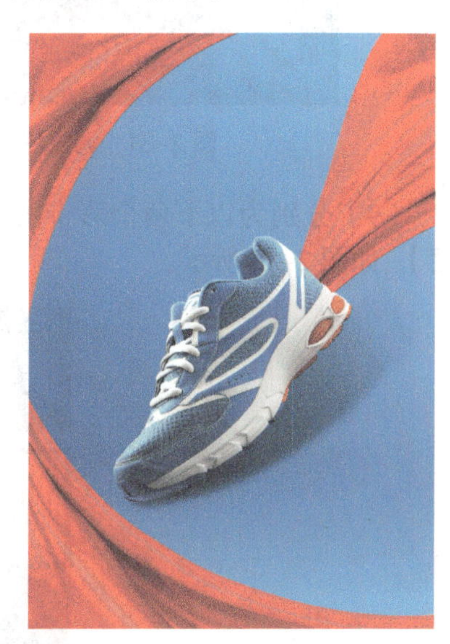

图 2–27　增加彩带

（6）分别将 3 个彩带图层去色（快捷键 Shift+Ctrl+U），如图 2–28 所示。

（7）分别将 3 个彩带图层打开色相 / 饱和度（快捷键 Ctrl+U），点击着色，将黑白的丝带调整为蓝色，如图 2–29、图 2–30 所示。

图 2-28　彩带图层去色

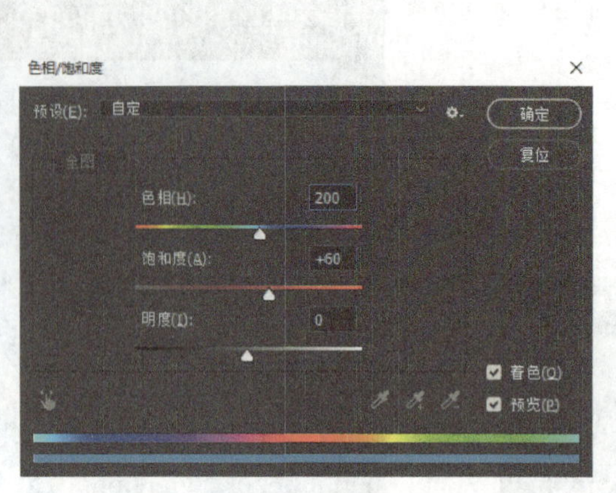

图 2-29　着色

图 2-30　彩带调整为蓝色

（8）分别将 3 个彩带图层打开色阶（快捷键 Ctrl+L），将丝带变得更有层次感，如图 2-31、图 2-32 所示。

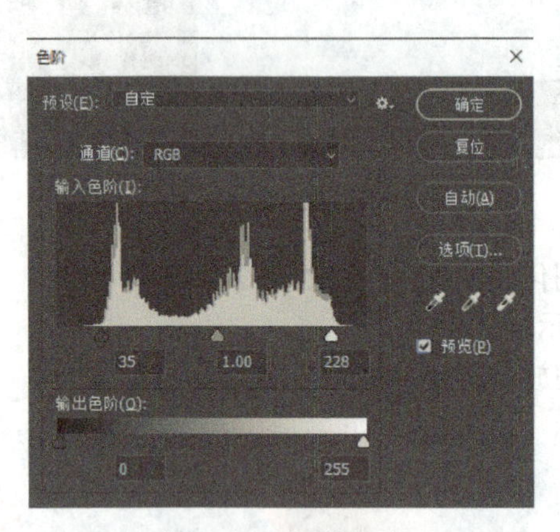

图 2-31　调整色阶

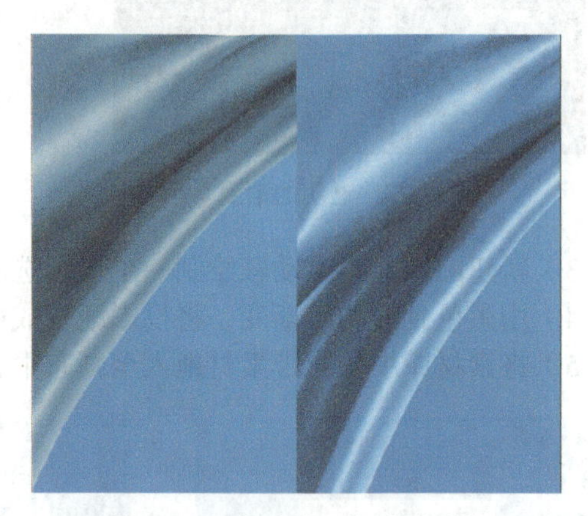

图 2-32　色阶前、色阶后对比

（9）分别为以下两个彩带图层打开高斯模糊命令（模糊半径 5.0）【滤镜】→【模糊】→【高斯模糊】，如图 2-33 所示。

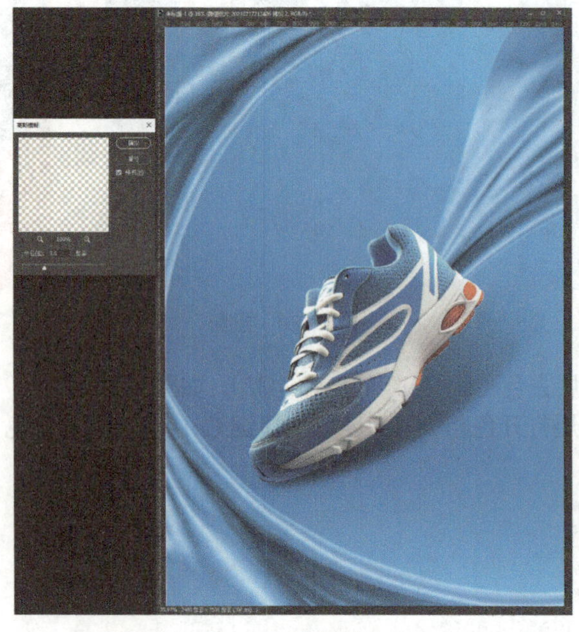

图 2-33　高斯模糊

（10）分别为球鞋后面的彩带图层打开动感模糊命令（设置角度为 46° 、距离 400 像素）【滤镜】→【模糊】→【动感模糊】，如图 2-34 所示。

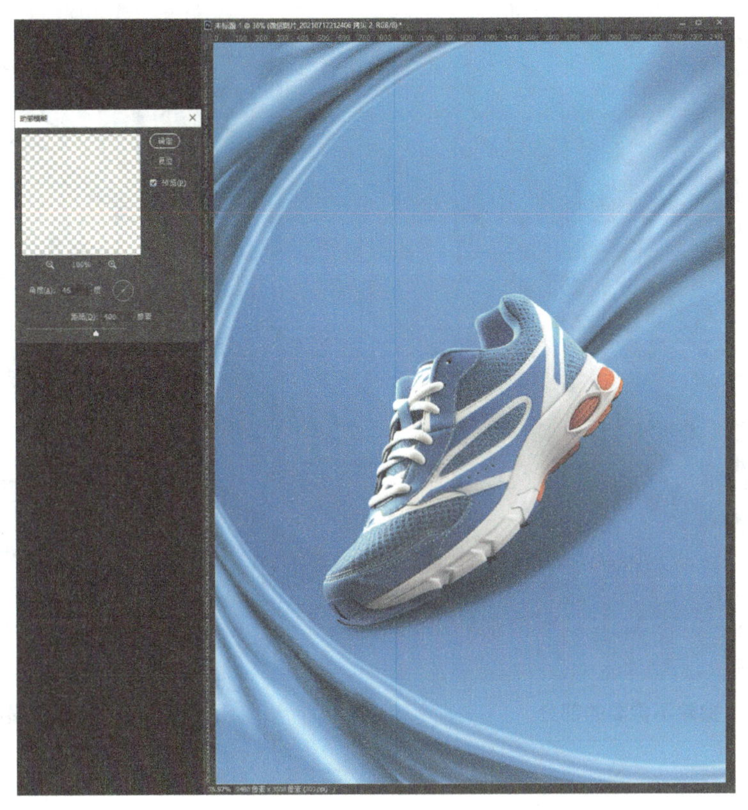

图 2-34　为球鞋后面的彩带图层进行动感模糊

（11）复制球鞋图层（快捷键 Ctrl+J），为在下方的球鞋图层打开动感模糊命令（设置角度为 46° 、距离 2000 像素）【滤镜】→【模糊】→【动感模糊】，如图 2-35 所示。

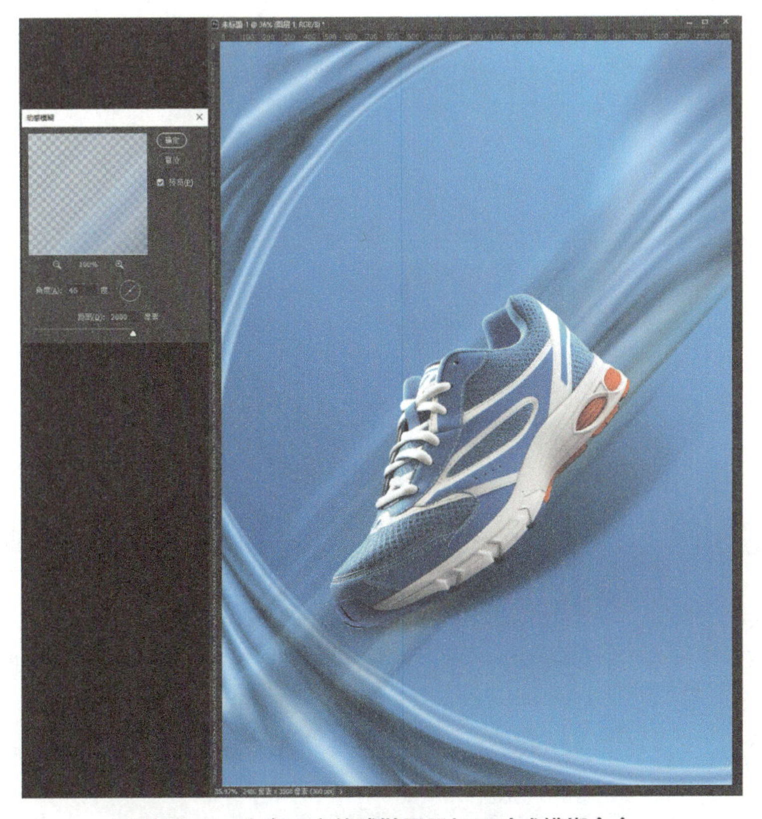

图 2-35　为在下方的球鞋图层打开动感模糊命令

（12）用橡皮擦工具（快捷键 E），将模糊后的球鞋擦除不需要的部分，如图 2-36 所示。

（13）输入相应的文字，整幅海报完成，如图 2-37 所示。

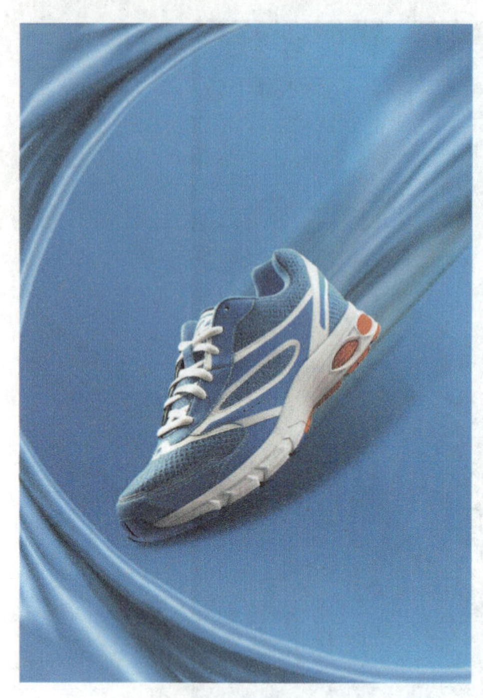

图 2-36　擦除不需要的部分

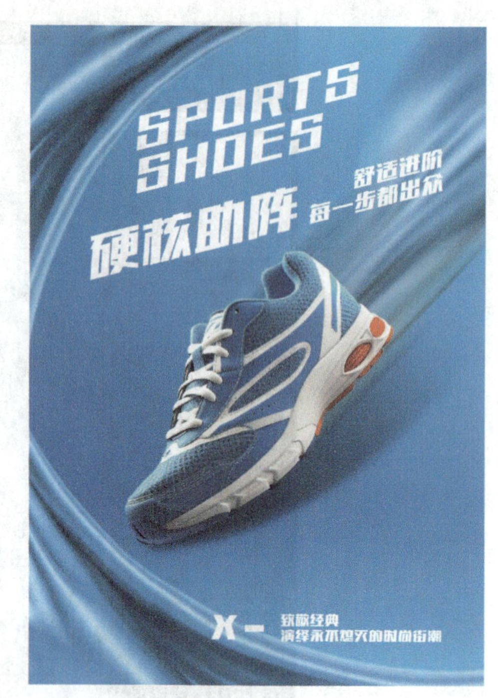

图 2-37　海报最终效果

【小结】

在整个任务的设计过程中，颜色的搭配，每个元素都会影响它的设计效果的呈现。本任务主要使用了 Photoshop CC 中的模糊命令与图像调整功能，具体参数的设置读者要根据实际效果进行调整。

项目三　包装设计

内容摘要

在包装设计软件应用方面，Photoshop CC 的应用虽然并不广泛，但是要把平面的包装展开图制作成立体效果图，就非常适合用 Photoshop CC。

项目学习目标

知识目标：

1. 了解使用 Photoshop CC 进行包装设计的基本流程和步骤。
2. 理解 Photoshop CC 中立体效果图的制作原理，包括如何通过软件进行图像的变换与调整。
3. 掌握 Photoshop CC 中三维包装效果的设计方法。

能力目标：

1. 能够熟练使用 Photoshop CC 进行包装图形的编辑和调整，特别是图像变换、图层处理等基本操作。
2. 能根据设计需求，通过 Photoshop CC 的工具制作精确的立体效果图，展示产品的包装效果。
3. 能应用 Photoshop CC 中的颜色调整、形状变化等功能，优化设计中的细节，提升图像的视觉效果。

素养目标：

1. 提升使用 Photoshop CC 进行设计的综合能力，熟练掌握图像处理与设计技巧。
2. 培养对设计细节的敏感性，注重图形、颜色和排版的合理搭配，提升包装设计的整体美感。
3. 提高设计作品的表达能力，理解通过 Photoshop CC 创造的视觉效果如何更好地传达设计意图和吸引目标消费者。

3.1 为什么需要立体效果图

Photoshop CC 做出来的立体效果并不能直接用于生产，它的主要作用是供设计者和客户观看和参考。因为平面的设计不够生动，也很难看出包装出来后的具体效果，为了更好地表达设计创意以及设计效果，更逼真的三维立体效果图成为了需求，包装设计立体效果图能更生动形象地展示设计的最终效果，让客户能看到更贴近实际生产的包装效果，便于提出意见或建议。

3.2 制作立体效果的原则

制作包装立体效果需要有两个基本原则。一是要掌握基本的透视原则：近大远小，近实远虚。二是要掌握基本的明暗关系：注意三大面、五大调。

1. 近大远小，近实远虚

包装的每个面都必须遵循近大远小的透视原则，至于近处多大，远处多小，还是需要靠设计者用眼睛和经验去判断。

2. 三大面、五大调

（1）三大面。物体在受光以后呈现出不同的明暗关系，受光的一面叫“亮面”，接近亮面的是侧受光的一面叫“灰面”，不受光的即背光，叫作“暗面”。

（2）五大调。五大调包括高光、亮面、明暗交界线、反光和投影。

3.3 包装立体效果图设计

【任务背景】

书籍封面设计，设计稿是平面图。为了更好地呈现最终效果，往往需要制作成立体效果来观察各个面的关系。

【任务要求】

使用 Photoshop CC，将包装设计的平面展开图，制作成立体效果。

【任务分析】

设计者只需要设计包装的正面、侧面和顶面，利用这三个面去制作立体的三维效果。注意透视关系和光感及投影的处理。

【任务实施】

素材文件地址：数字资源 \ 项目三 \ 效果文件 \ 包装展开图 .jpg。

效果文件地址：数字资源 \ 项目三 \ 效果文件 \ 包装立体效果图设计 .psd。

（1）在 Photoshop CC 中按 Ctrl+O，打开数字资源中的“包装展开图 .jpg”文件，如图 3–1 所示。

图 3–1　包装展开图

（2）按 Ctrl+N 新建画布，尺寸为 210×297mm。如图 3–2 所示。

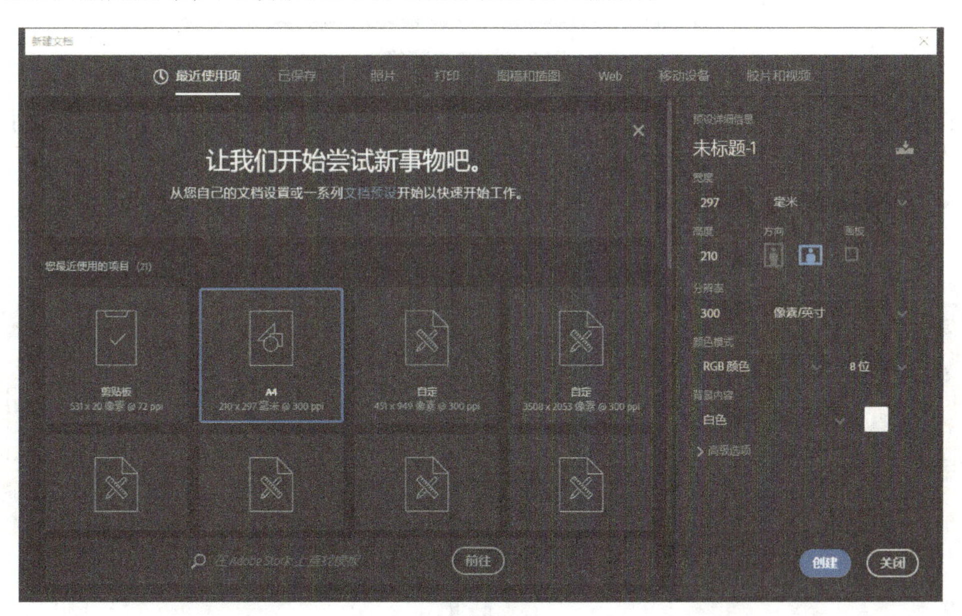

图 3–2　新建空白文档

（3）在包装展开图中，用【矩形选框工具】（M）选中包装盒的正面，再用【移动工具】（V）将其拖至新建的画布中。如图 3–3 所示。

（4）执行【编辑】|【自由变换】（Ctrl+T），点击右键，再点击【扭曲】。如图 3–4 所示。

图 3-3 移动至新画布

图 3-3 扭曲

（5）由于扭曲后图形变得过长，需要再次单击鼠标右键选择【自由变换】将图形拉短一些，最后按回车键确定。如图 3-5 所示。

图 3-5 自由变换

（6）再次回到包装展开图的画布，用【矩形选框工具】(M) 选中包装的侧面，再用【移动工具】(V) 拖至画布中。并重复【自由变换】和【扭曲】。如图 3-6 和图 3-7 所示。

图 3-6 重复扭曲

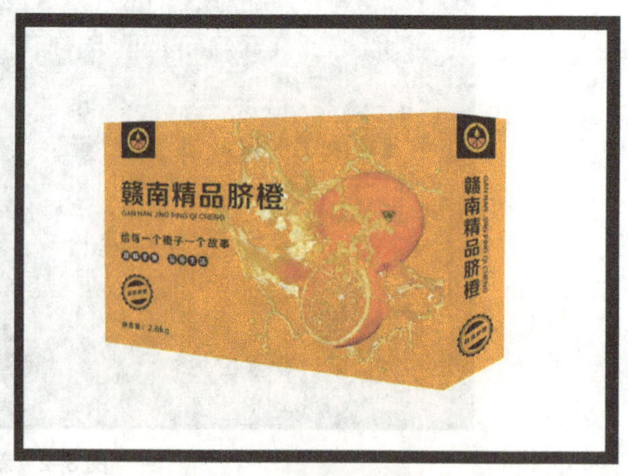

图 3-7 重复自由变换

（7）现在包装立体效果的两个面已经组合完成，接下来需要通过调整侧面的颜色来表现盒子的光感。选择盒子侧面的图层，利用【色相 / 饱和度】(Ctrl+U)，将侧面的明度降低。如图 3-8 所示。

图 3-8　降低侧面的明度

（8）用减淡工具（O），将正面图层的局部涂抹的更亮。如图 3-9 所示。

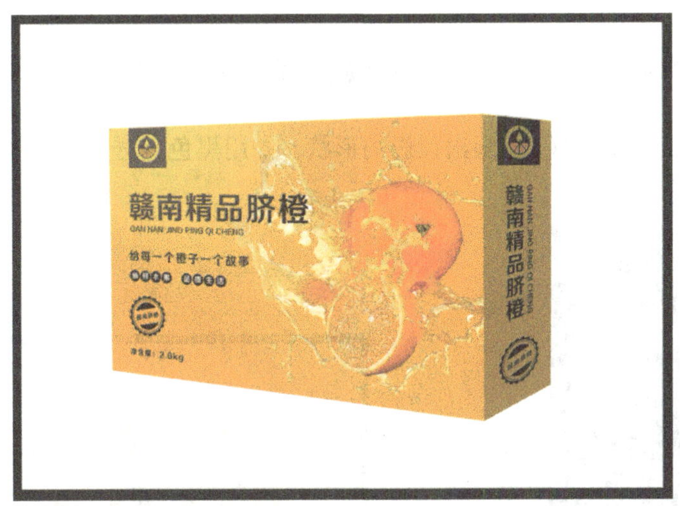

图 3-9　利用减淡工具将正面图层局部变亮

（9）制作底部阴影：

①单击在【图层】面板底部的【创建新图层】按钮，创建出的新图层要放在所有图层之下背景图层之上。

②用【多边形套索工具】（L）画出阴影的形状。如图 3-10 所示。

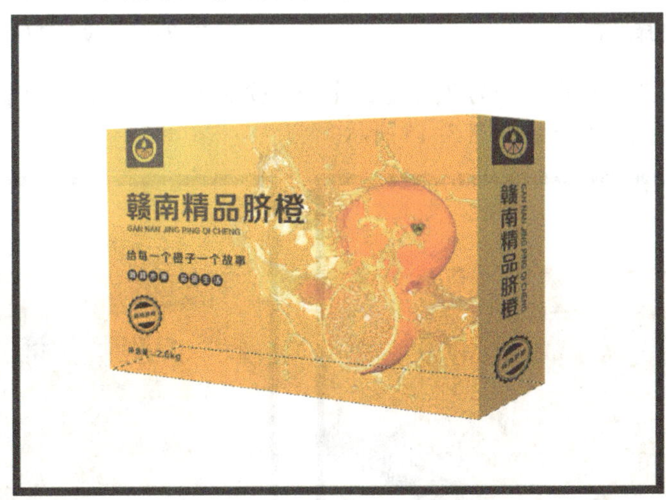

图 3-10　画出阴影形状

③将该选区填充为黑色，并制作【高斯模糊效果】模糊半径为 7，【滤镜】→【模糊】→【高斯模糊】。如图 3-11 所示。

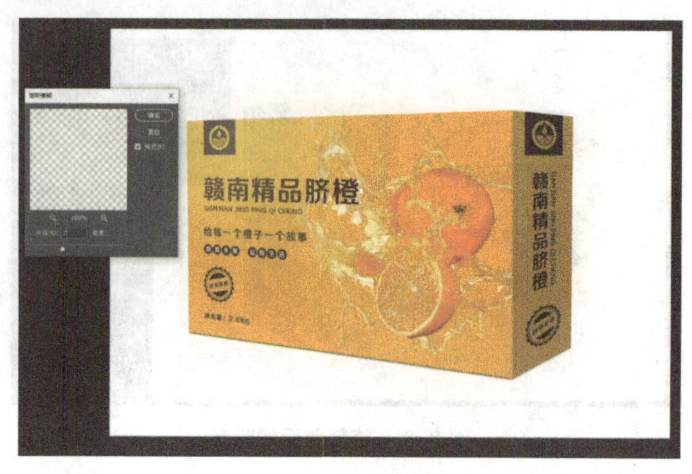

图 3-11　高斯模糊

（10）制作投影：

①单击在【图层】面板底部的【创建新图层】按钮，创建出的新图层要放在所有图层之下背景图层之上。

②用【多边形套索工具】（L）画出投影的形状，并用黑色到透明的渐变投影选区。如图 3-12 和图 3-13 所示。

图 3-12　选择渐变

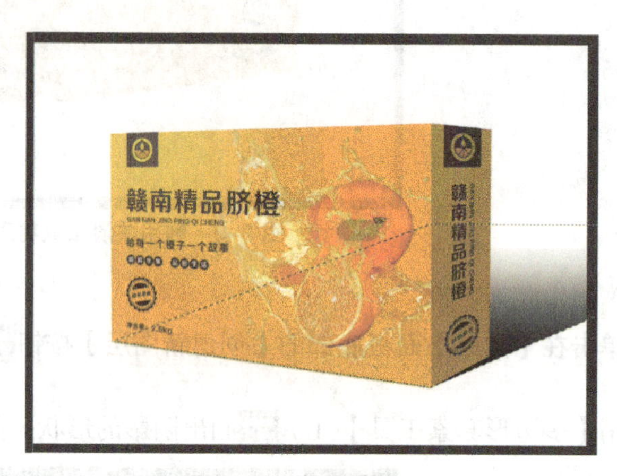

图 3-13　投影选区

③制作【高斯模糊效果】模糊半径为 7，【滤镜】→【模糊】→【高斯模糊】。如图 3-14 所示。

④适当降低投影图层的透明度。如图 3-15 所示。

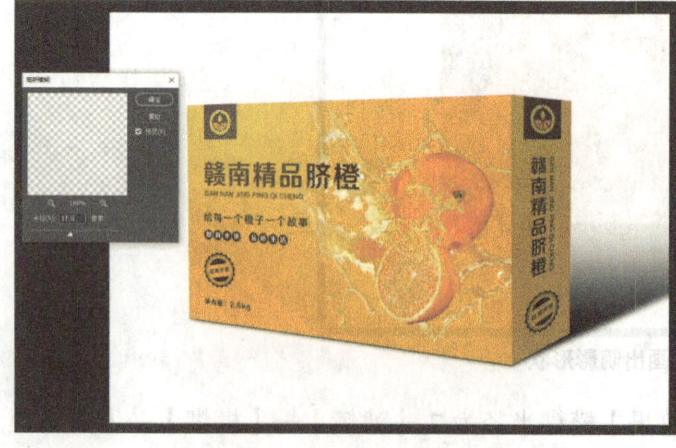

图 3-14　使用高斯模糊

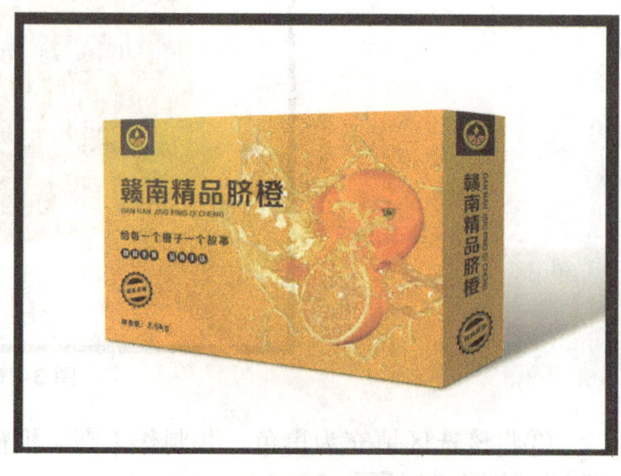

图 3-15　降低投影图层的透明度

（11）利用渐变工具 （G）将背景图层渐变为以下效果。如图 3-16 所示。

（12）新建图层，利用钢笔工具 （P）绘制包装盒的提手。如图 3-17 所示。

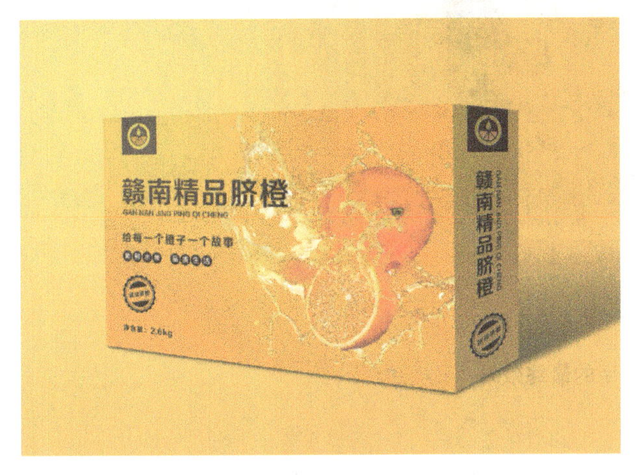

图 3-16　背景图层渐变效果

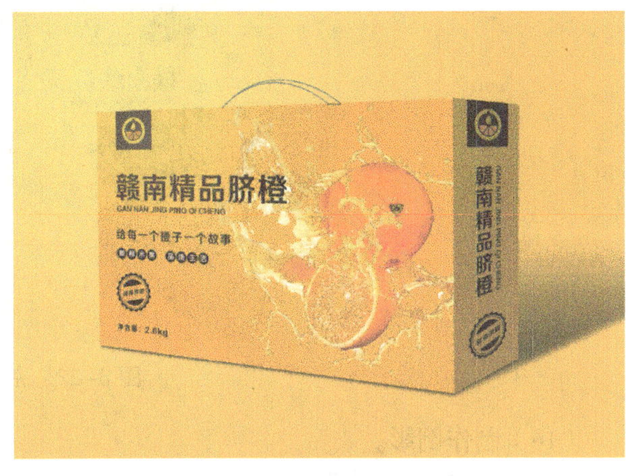

图 3-17　绘制包装盒的提手

（13）将钢笔路径转换成选区（Ctrl+ 回车），并填充灰色，再利用钢笔工具提手的另一个面。如图 3-18 所示。

（14）将钢笔路径转换成选区（Ctrl+ 回车），并填充深灰色，再利用减淡工具 （O）把提手涂抹的有光感。如图 3-19 所示。

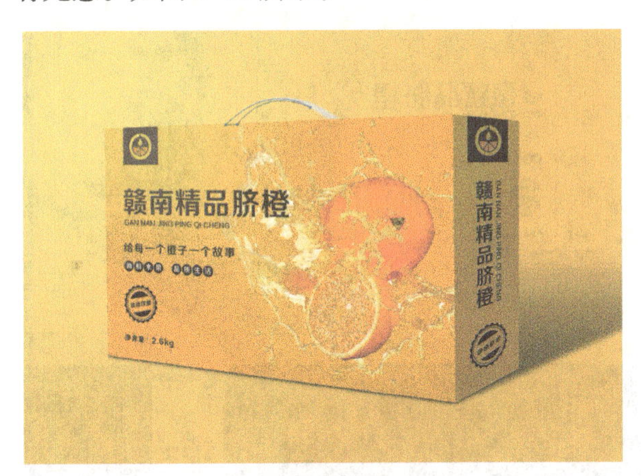

图 3-18　绘制提手的另一个面

图 3-19　利用减淡工具使提手涂抹更有光感

（15）利用钢笔工具 （P），绘制提手的厚度，并转换为选区，填充白色。如图 3-20 至图 3-22 所示。

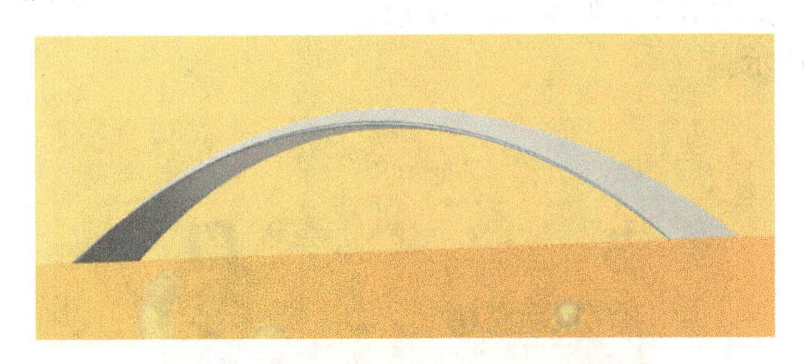

图 3-20　绘制提手的厚度

图 3-21　填充白色

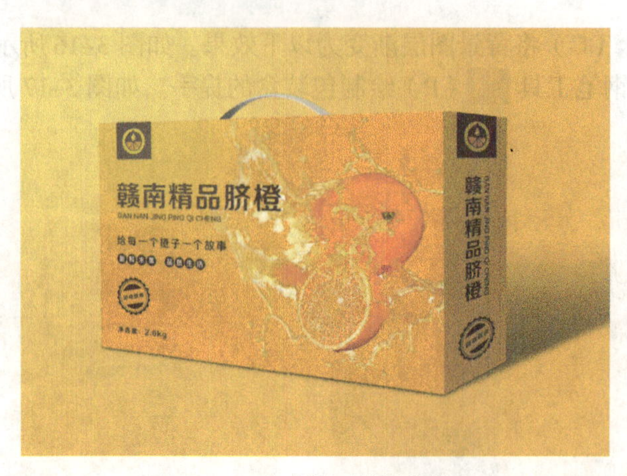

图 3-22　完成提手的最终效果

（16）制作倒影。

①用【移动工具】（V）选中包装正面所在图层，复制图层（Ctrl+J），然后选中新图层执行【编辑】|【变换】|【垂直翻转】。如图 3-23 所示。

②单击鼠标右键，在弹出的子菜单中选择【斜切】，将倒影和书本无缝连接。如图 3-24 所示。

图 3-23　垂直翻转

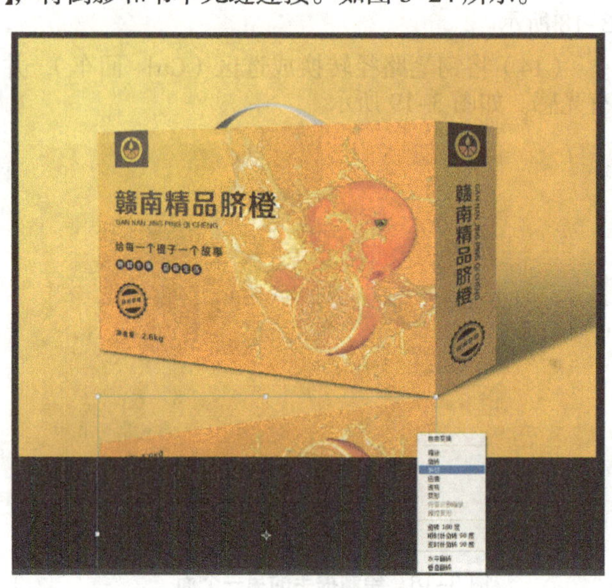

图 3-24　将倒影和书本无缝连接

③为该图层在图层面板底部添加图层蒙版，并用黑白渐变在蒙版中拖动（注意：渐变工具的起点与终点的位置不同，效果也不同），达到合适的效果。如图 3-25 所示。

④同样的方法将侧面的倒影调整好。如图 3-26 所示。

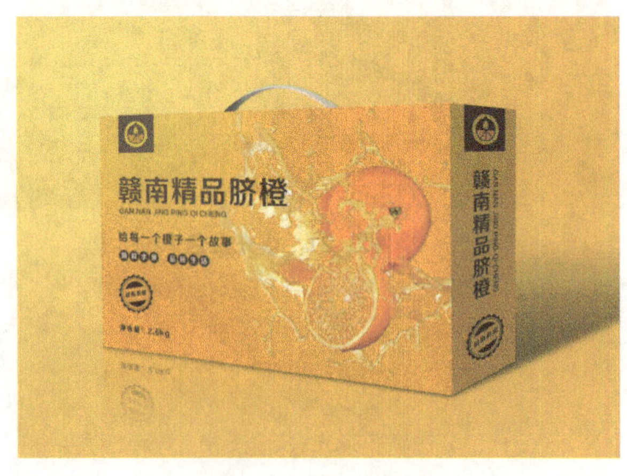

图 3-25　添加图层蒙版

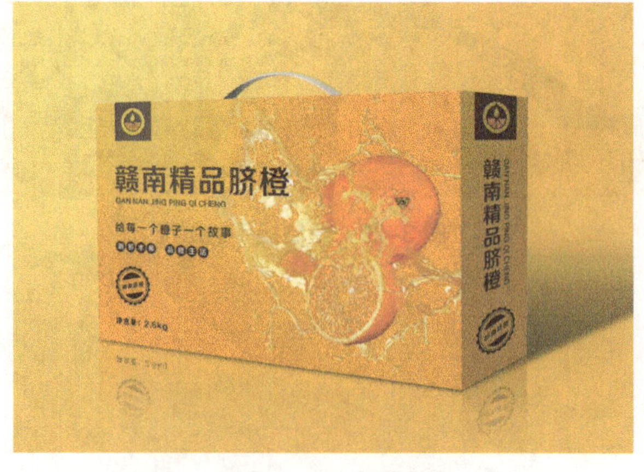

图 3-26　最终效果

3.4　书籍封面立体效果图设计

【项目背景】

将书籍封面设计的平面展开图，制作成立体效果。

【项目要求】

要求把平面图制作成立效果。

【项目分析】

我们只需要书籍的封面和封脊，利用这两个面去制作立体的三维效果。

【项目实施】

素材文件地址：数字资源 \ 项目三 \ 素材文件 \ 书籍 \ 书籍展开图 .JPEG。

效果文件地址：数字资源 \ 项目三 \ 效果文件 \ 书籍 \ 书籍立体效果图设计 .psd。

（1）在 Photoshop CC 中按快捷键 Ctrl+O 打开数字资源中的“书籍展开图 .JPEG”文件。如图 3–27 所示。

图 3–27　书籍展开图

（2）按 Ctrl+N 新建画布图层，尺寸为 210 × 297mm。如图 3-28 所示。

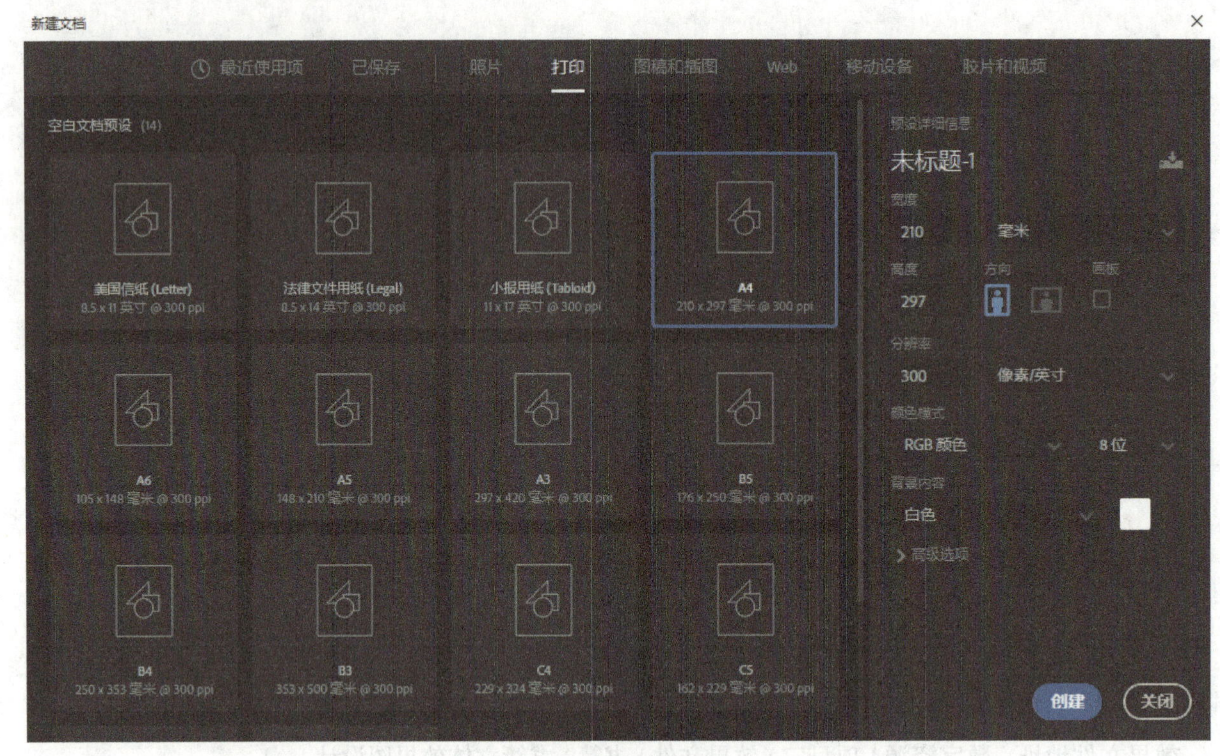

图 3-28　新建空白文档

（3）在书籍展开图中，用【矩形选框工具】（M）选中书籍的正面，再用【移动工具】（V）将其拖至新建的画布中，并执行【编辑】|【自由变换】（Ctrl+T），点击右键，再点击【扭曲】。如图 3-29 所示。

（4）由于扭曲后图形变得过长，需要再次单击鼠标右键选择【自由变换】将图形拉短一些，最后按回车键确定。如图 3-30 所示。

图 3-29　选择扭曲

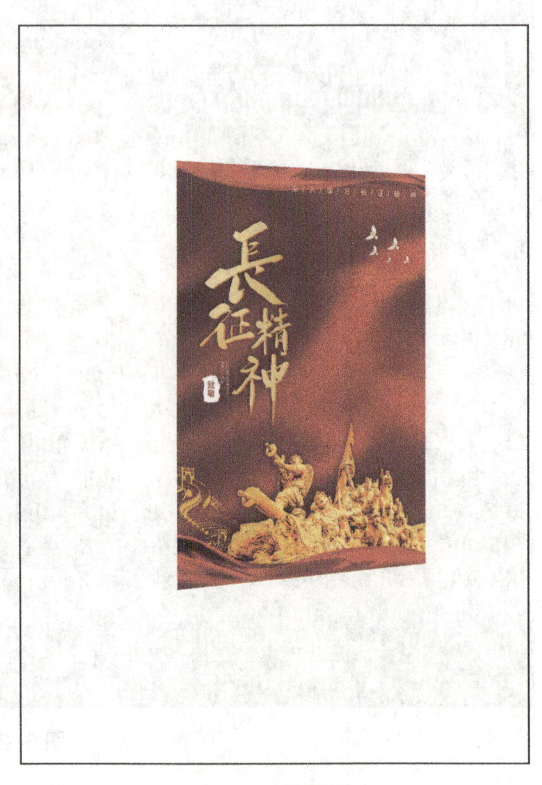

图 3-30　调整图片

（5）再次回到展开图的画布，用【矩形选框工具】（M）选中侧面，再用【移动工具】（V）拖至画布中。并重复【自由变换】和【扭曲】。如图 3-31 和图 3-32 所示。

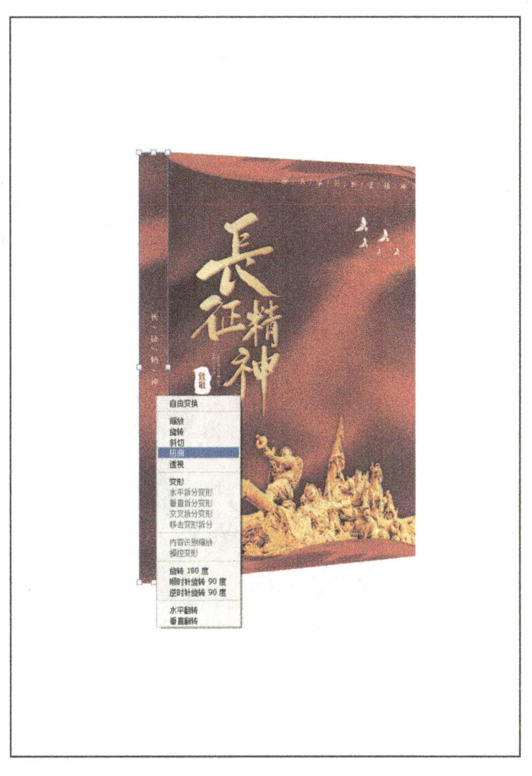

图 3-31 再次扭曲

图 3-32 调整图片

（6）现在包装立体效果的两个面已经组合完成，接下来需要通过调整侧面的颜色来表现书本的光感。选择书本侧面的图层，利用【色相 / 饱和度】（Ctrl+U），将侧面的明度降低。如图 3-33 所示。

（7）用减淡工具（O），选中书本正面图层，将正面图层的局部涂抹的更亮。如图 3-34 所示。

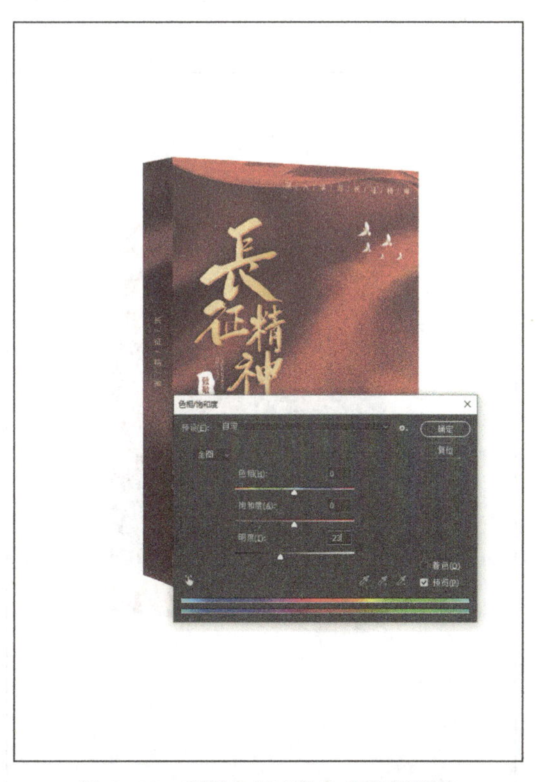

图 3-33 利用色相 / 饱和度降低明度

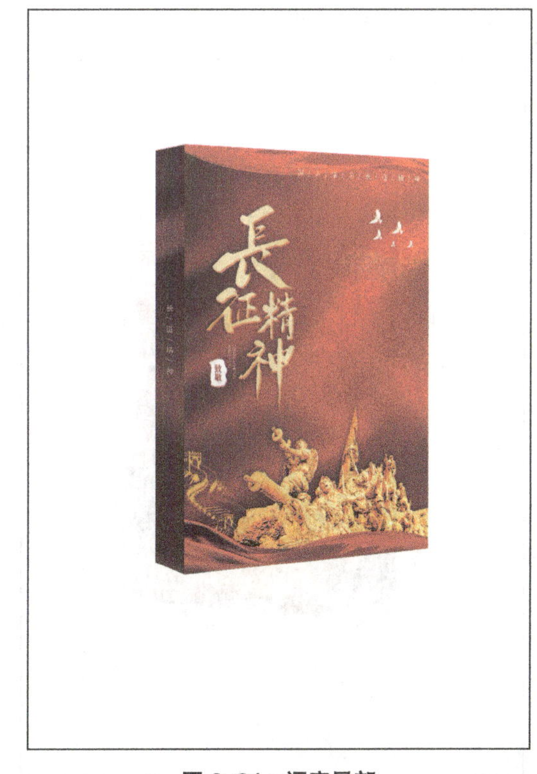

图 3-34 调亮局部

（8）制作书本凹槽:

①新建图层，用【矩形选框】工具（M）在画面中绘制一个矩形。如图 3–35 所示。

②利用【羽化】命令（Shift+F6）羽化像素为 3。如图 3–36 所示。

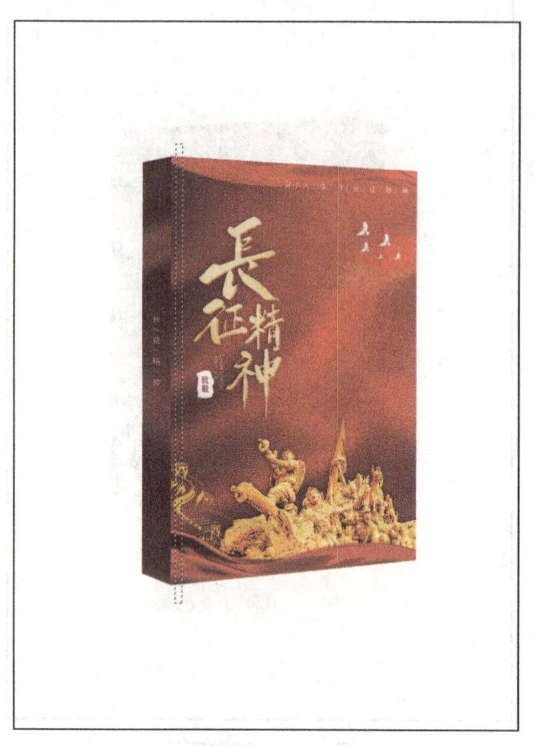

图 3–35　绘制矩形

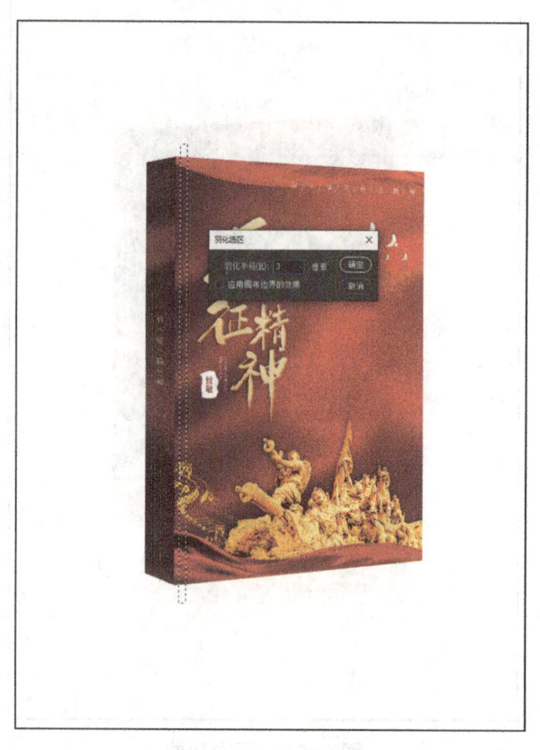

图 3–36　羽化像素

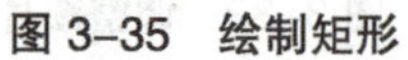

③分别利用白色到透明的渐变和黑色到透明的渐变，将凹槽的效果绘制出来，并取消选区（Ctrl+D）。如图 3–37 所示。

（9）按住 Ctrl 键点击图层面板中书本正面图层的图标，将图层选区调出来（但是图层还是选择在凹槽的图层上）。如图 3–38 所示。

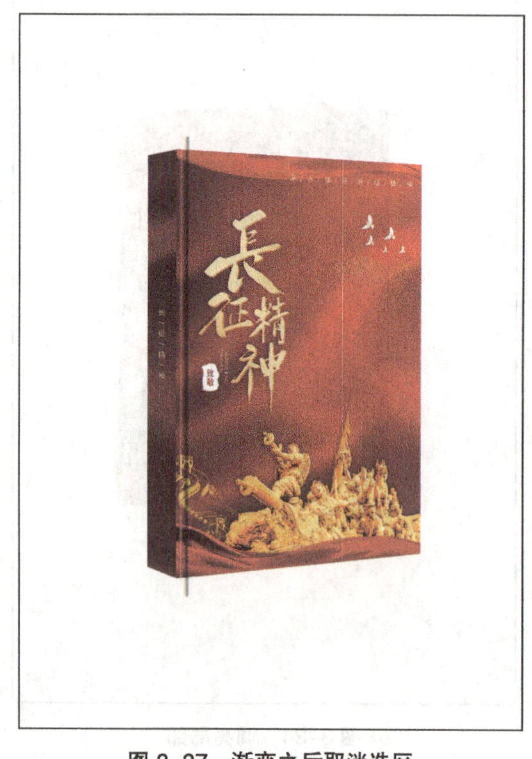

图 3–37　渐变之后取消选区

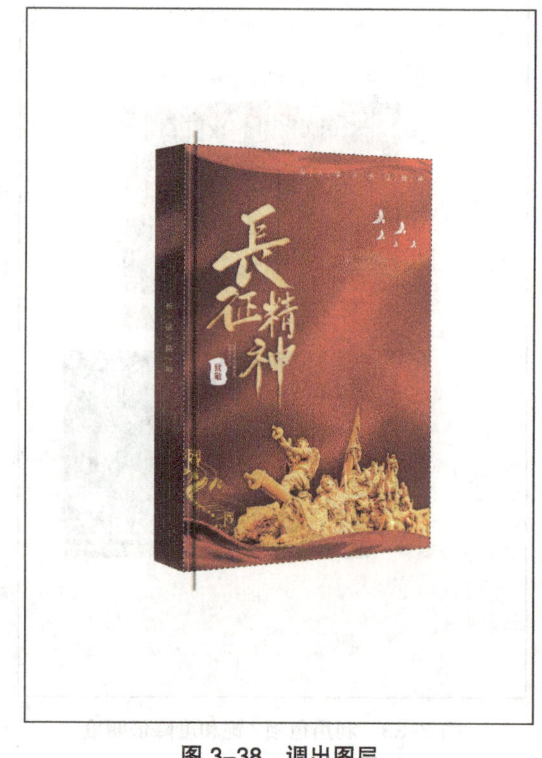

图 3–38　调出图层

（10）菜单栏【选择】→【反选】（Shift+Ctrl+I），将选区反过来，把凹槽多余的部分按删除键删除。如图 3–39、图 3–40 所示。

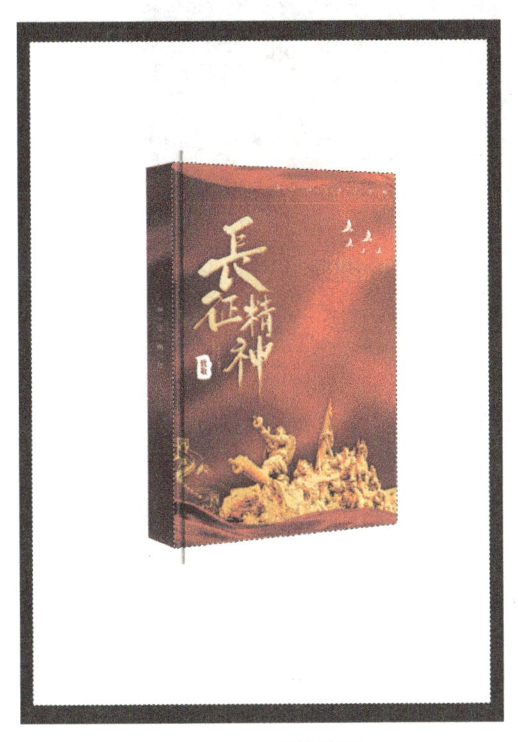

图 3–39　反选选区

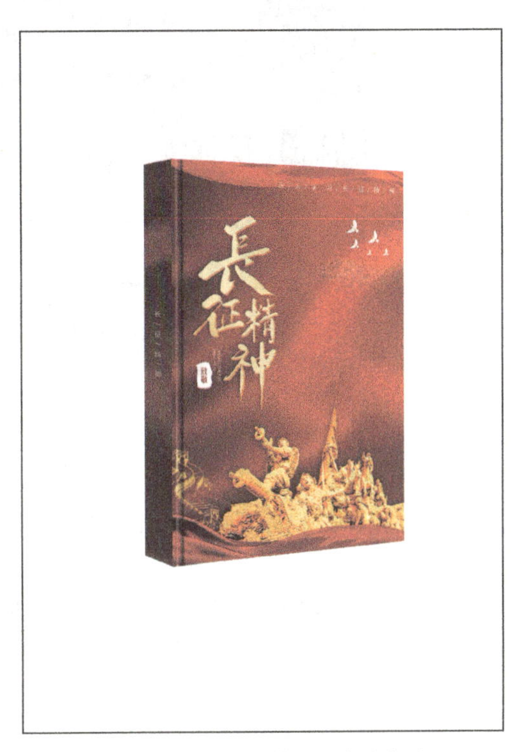

图 3–40　删除凹槽图层多余部分

（11）制作底部阴影：

①单击在【图层】面板底部的【创建新图层】按钮，创建出的新图层要放在所有图层之下背景图层之上。

②用【多边形套索工具】（L）画出阴影的形状。如图 3–41 所示。

③将该选区羽化 5 个像素，【选择】→【修改】→【羽化】（Shift+F6）。如图 3–42 所示。

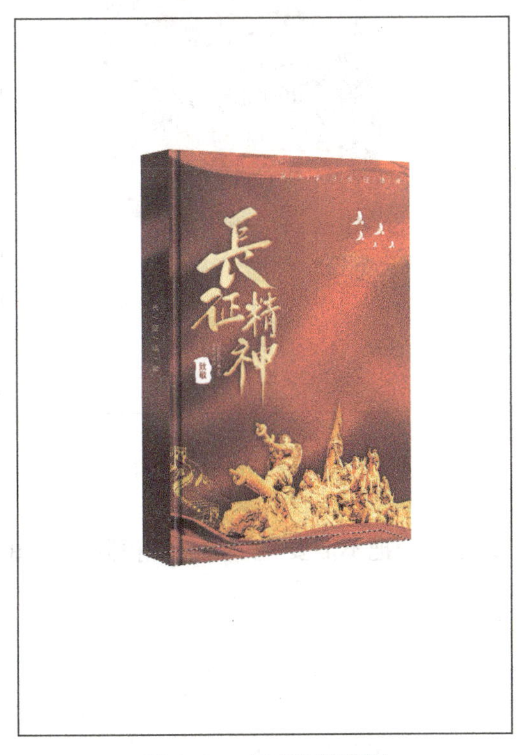

图 3–41　画出阴影范围

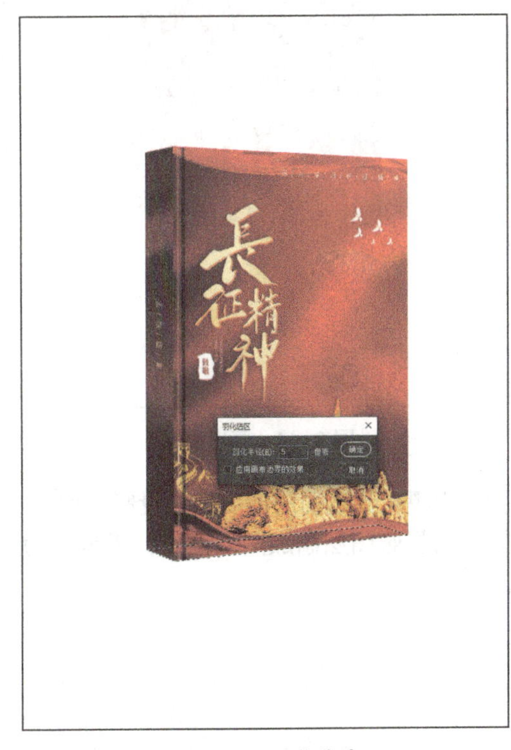

图 3–42　羽化像素

④将该选区填充为黑色，取消选区（Ctrl+D）。可以适当的把该图层往下移动一点。如图 3-43 所示。

图 3-43　移动图层

（12）制作投影：

①单击在【图层】面板底部的【创建新图层】按钮，创建出的新图层要放在所有图层之下背景图层之上。

②用【多边形套索工具】（L）画出投影的形状。如图 3-44 所示。

③羽化 15 个像素。如图 3-45 所示。

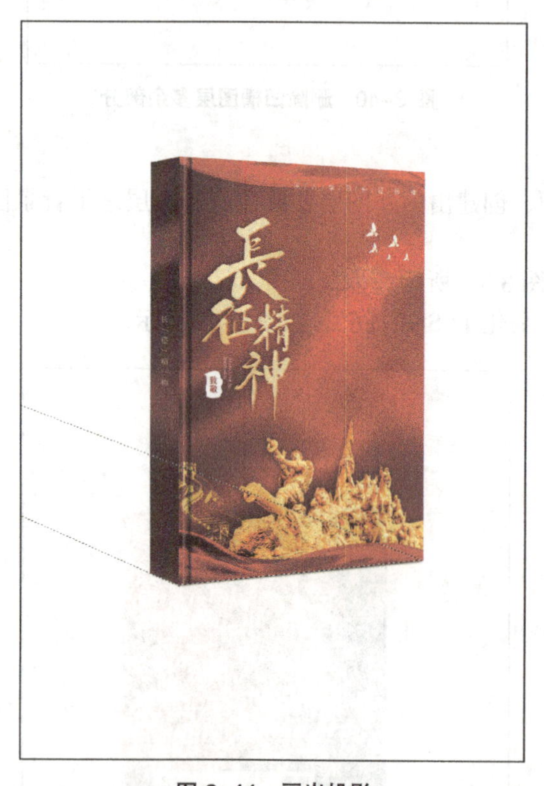

图 3-44　画出投影

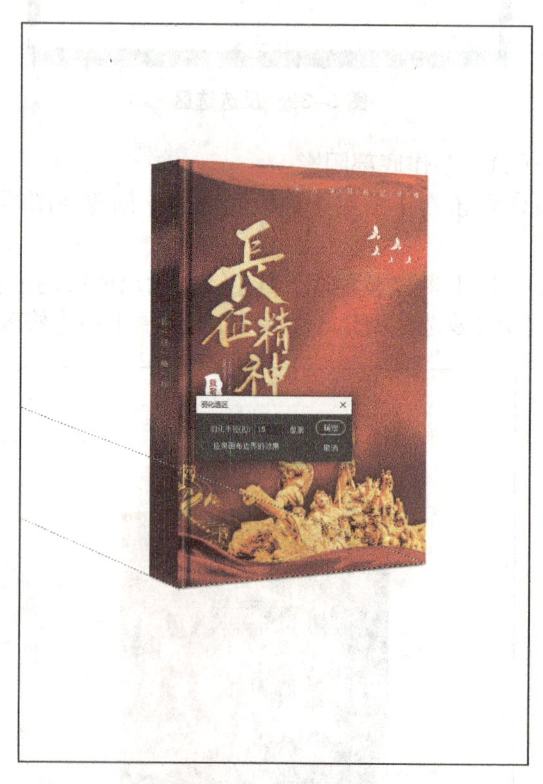

图 3-45　羽化选区

④利用黑色到透明的渐变填充投影。如图 3-46 所示。

⑤再为投影图层添加图层蒙版，用黑色的柔边画笔在蒙版中，把不需要显示的区域擦除。如图 3-47 所示。

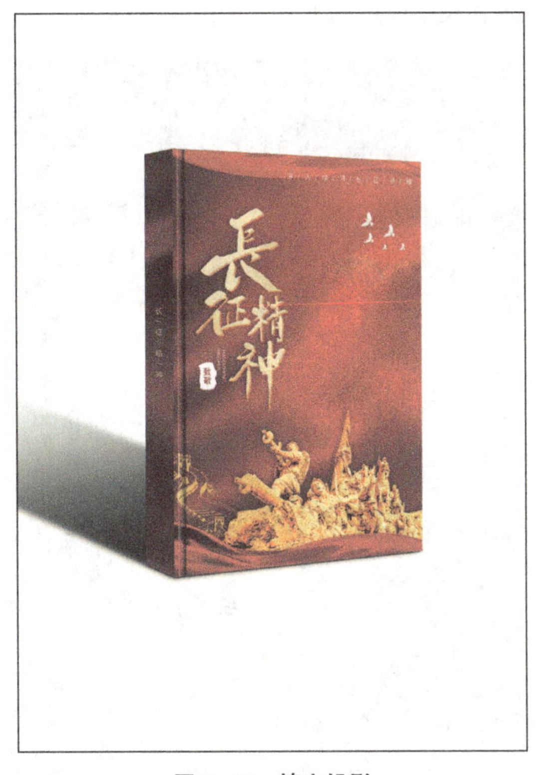

图 3-46　填充投影

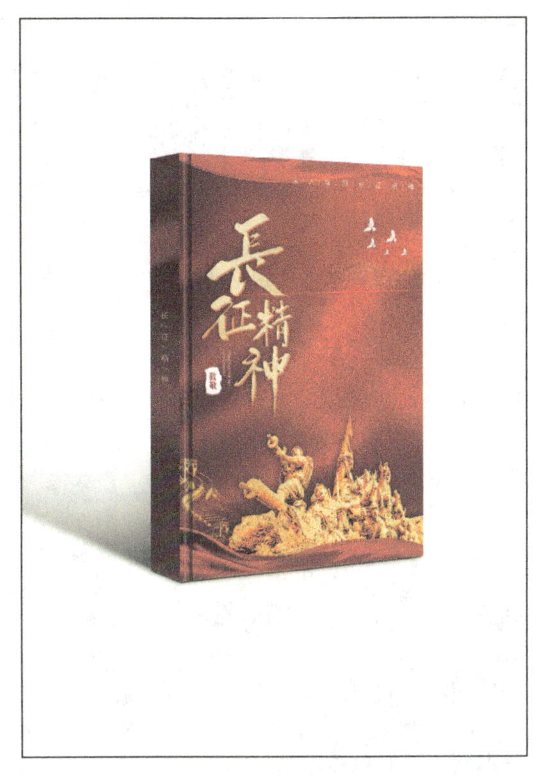

图 3-47　添加图层蒙版

（13）利用渐变工具（G）将背景图层渐变为如图 3-48 所示效果。

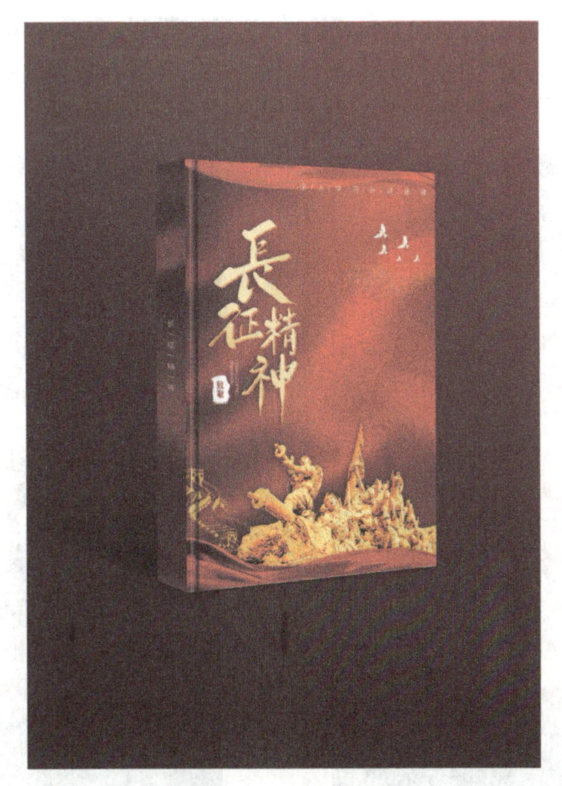

图 3-48　背景图层渐变

（14）制作倒影。

①用【移动工具】（V）将书籍正面所在图层和凹槽图层一起选中，复制图层（Ctrl+J），然后选中新图层执行【编辑】|【变换】|【垂直翻转】后，把该图层放置在合适的位置，再执行【编辑】|【变换】|【斜切】。如图 3-49 所示。

②调整到合适的角度，按回车键确认，再把该图层放置在投影图层的下方。如图 3-50 所示。

图 3–49 斜切

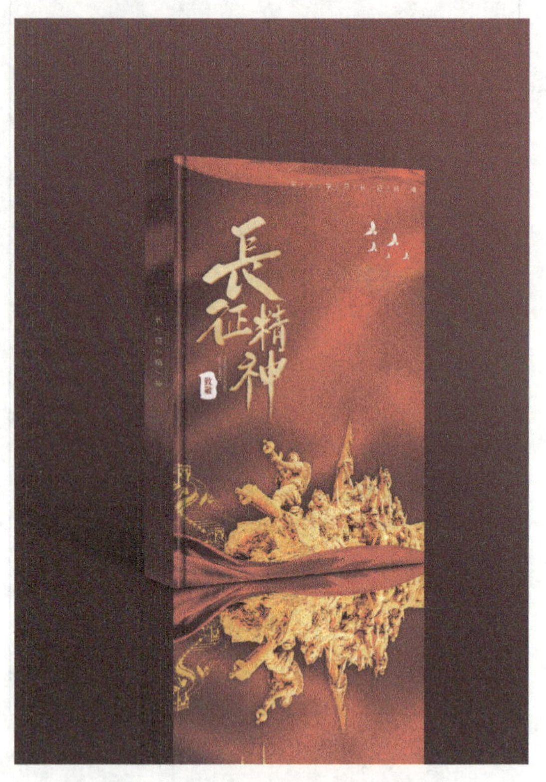

图 3–50 调整到合适的角度

③为该图层在图层面板底部添加图层蒙版，并用黑白渐变在蒙版中拖动（注意：渐变工具的起点与终点的位置不同，效果也不同），达到合适的效果。如图 3–51 所示。

④同样的方法将侧面的倒影调整好。如图 3–52 所示。

图 3–51 调整到合适效果

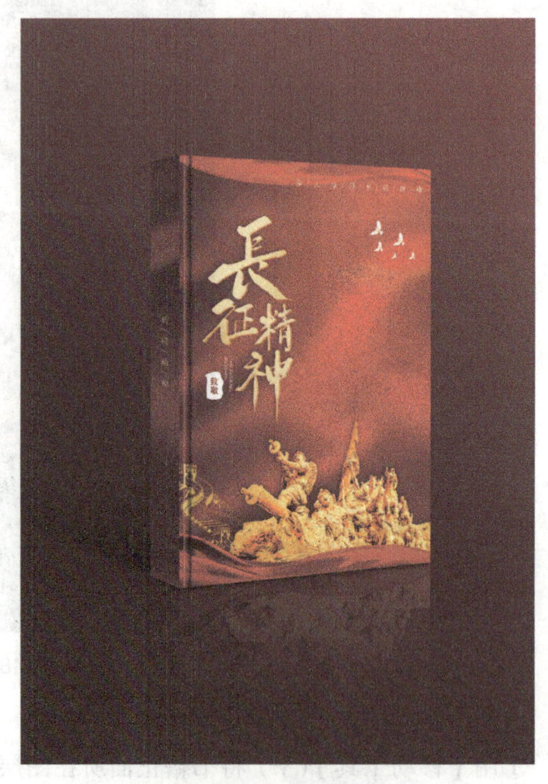

图 3–52 最终效果

项目四　数码照片处理

内容摘要

随着数码影像的快速发展，数码照片的处理受到越来越多的人的青睐。随着很多美化照片的软件的推出及手机APP越来越普及，人们有了更多的选择。但Photoshop CC一直是数码照片处理软件里相对专业的。Photoshop CC软件可以兼容很多数码照片美化的插件，可以配合一些软件一起使用。在本项目里，我们将使用Photoshop CC软件自带功能及插件Camera Raw进行照片美化和RAW格式图片的调整。

项目学习目标

知识目标：

1. 理解数码照片调色的基本原理，包括三基色和HLS模型在图像色彩调整中的作用。
2. 掌握Photoshop CC调色工具的功能特点，如色阶调整、色相/饱和度调整、可选颜色等。
3. 理解Camera Raw插件的核心功能及其在处理RAW格式照片中的作用。

能力目标：

1. 能独立操作Photoshop CC调色工具，完成数码照片的色彩校正和增强。
2. 能针对照片中的局部区域进行精准调整，提升图像对比度和细节表现。
3. 能熟练使用Camera Raw插件处理RAW格式照片，完成曝光、白平衡及色调的优化。

素养目标：

1. 具备图像处理的职业规范，注重细节和精准性，确保每个图像处理项目达到最高质量标准。
2. 积极培养工匠精神，以精益求精的态度对待每一张照片的调色与修饰，追求完美。
3. 强化专业责任感，遵守图像处理行业的道德和技术标准，为客户和观众呈现高品质的图像作品。

4.1 Photoshop 的调色原理

1. 三基色原理

三基色是指红、绿、蓝三色。人眼对红、绿、蓝三色最为敏感，大多数的颜色可以通过红、绿、蓝三色按照不同的比例合成产生。同样，绝大多数单色光也可以分解成红绿蓝三种色光。这是色度学最基本的原理，即三基色原理。红、绿、蓝三基色按照不同的比例相加合成混色称为相加混色。除了相加混色法之外还有相减混色法，可根据需要相加或相减调配颜色。

2. HLS（色相、亮度、饱和度）原理

HLS 表示 Hue（色相）、Luminance（亮度）和 Saturation（饱和度）。

（1）色相是颜色的一种属性，它实质上是色彩的基本颜色，即我们经常讲的红、橙、黄、绿、青、蓝、紫七种颜色，每一种颜色代表一种色相。色相的调整也就是改变它的颜色。

（2）亮度就是各种颜色的图像原色 [如 RGB 图像的原色为红（R）、绿（G）、蓝（B）三种或各自的色相] 的明暗度，亮度调整也就是明暗度的调整。亮度范围从 0 到 255，共分为 256 个等级。而我们通常讲的灰度图像，就是在纯白色和纯黑色之间划分了 256 个级别的亮度，即从白到灰，再转黑。同理，在 RGB 模式中则代表基色的明暗度，即红绿蓝三基色的明暗度，从浅到深。

（3）饱和度是指图像颜色的彩度。对于每一种颜色都有一种人为规定的标准颜色，饱和度就是用来描述颜色与标准颜色之间的相近程度的物理量。调整饱和度就是调整图像的彩度。当一个图像的饱和度调为零时，图像则变成一个灰度图像。

另外还有一个概念，就是对比度。对比度是指不同颜色之间的差异。对比度越大，两种颜色之间的相差越大；反之，就越接近。例如，一幅灰度图像提高它的对比度会更加黑白分明，调到极限时，会变成黑白图像；反之，我们可以得到一幅灰色的画布。

我们了解了颜色的原理，在图像处理中对于调整颜色就可以更快、更准确。

4.2 Photoshop 的调色工具

我们在对图片进行处理时，往往会对它们进行调色。Photoshop CC 提供了多种调色工具:色相 / 饱和度、色彩平衡、色阶、暗调 / 高光、可选颜色、匹配色彩、主动色阶 / 主动对比度 / 主动色彩、替换颜色和颜色范围选择和色彩调节可选颜色等。这里重点介绍:

1. 色相 / 饱和度

色相 / 饱和度主要用来调整图像的色相，例如，把红色变为蓝色，把绿色变为紫色等。

2. 色彩平衡

色彩平衡（Ctrl+B）是一项功能很少，但操作比较直观方便的颜色调节工具。 它在色调平衡选项中把图像笼统地分为暗调、中间调与高光 3 个色调，每个色调可执行独立的颜色调节。从 3 个色彩平衡滑杆中，又一遍印证了颜色原理中的反转色：红对青，绿对洋红，蓝对黄。属于反转色的两种色彩不可能同时提高或者减少。

3. 色阶

色阶也属于 Photoshop CC 的基础调节工具，但运用的机会并不是特别多。水平 *X* 轴方向代表绝对亮度范围，从 0 至 255。垂直 *Y* 轴方向代表像素的数量，与直方图一样，*Y* 轴有时并不完全反映像素数量，并且色阶工具中没有统计数据显示。

4. 暗调 / 高光

暗调 / 高光是用来更改曝光过度与曝光不足的照片，开发这个工具的目的就是修复数码照片。

启动暗调 / 高光调节工具后勾选“显示另外选项”，会出现一个非常大的设定框，分为暗调、高光、调节 3 大部分。此时先把高光设置成 0%，可以看到暗调的调节效果。暗调部分调节的作用是增加暗调部分的亮度，从而改进相片中曝光不足的部分，也可称为补偿暗调。

5. 可选颜色

可选颜色命令可以对图像中限定颜色区域中的各像素中的 Cyan（青）、Magenta（洋红）、Yellow（黄）、Black（黑）四色油墨进行调整，从而不影响其他颜色（非限定颜色区域）。执行【图像】|【调整】|【可选颜色】命令，弹出该命令对话框。颜色有 RGB 三色、CMYK 四色、白、中性色灰，共 9 种。

4.3 调色照片（让夏天变秋天）

【任务背景】

素材照片拍摄于春夏，用 Photoshop CC 调成秋季怀旧治愈系暖风格。

【任务要求】

要求把树叶的绿色换成黄色，但要相对保持人物肤色。

【任务分析】

主要的调整在于画面中的绿色，改变它的色相才能达到要求。注意肤色的处理和环境色相融合统一。

【任务实施】

素材文件地址：数字资源 \ 项目四 \ 素材文件 \ 夏天女孩 .jpg。

效果文件地址：数字资源 \ 项目四 \ 效果文件 \ 秋天女孩 .jpg。

（1）在 Photoshop CC 软件中按 Ctrl+O 打开数字资源中的“夏天女孩 .jpg”文件。

（2）按 Ctrl+J 复制背景图层，自动命名为“图层 1”。如图 4–1 所示。

图 4–1　复制背景图层

（3）按 Ctrl+L 打开【色阶】对话框。如图 4-2 所示调整参数，提高图像的对比度。

图 4-2　调整色阶

（4）单击【图层】面板底部的【创建新的填充或调整图层】按钮。

①在弹出的菜单中选择【可选颜色】选项，如图 4-3 所示。

图 4-3　可选颜色选项

②调整可选颜色。

a.【颜色】下拉列表中选择【红色】，调整参数:【青色】-14，【洋红】-8，【黄色】+15，【黑色】0，如图 4-4 所示。

b.【颜色】下拉列表中选择【绿色】，调整参数:【青色】-43，【洋红】-80，【黄色】-34，【黑色】-30。

c.【颜色】下拉列表中选择【白色】，调整参数:【青色】+15，【洋红】-5，【黄色】+7，【黑色】-9。

d.【颜色】下拉列表中选择【中性色】，调整参数:【青色】0，【洋红】0，【黄色】-5，【黑色】0。

图 4–4　调整可选颜色

（5）单击【图层】面板底部的【创建新的填充或调整图层】按钮。

①在弹出的菜单中选择【色彩平衡】命令，如图 4–5 所示。

图 4–5　选择色彩平衡

②调整色彩平衡。

a. 在【色调】选项后选择【中间调】单选框，增加绿色和黄色。调整参数:【洋红 / 绿色】+15,【黄色 / 蓝色】–10，如图 4–6 所示。

b. 在【色调】组下选择【高光】，增加红色、绿色和黄色。调整参数:【青色 / 红色】+15,【洋红 / 绿色】+5,【黄色 / 蓝色】–10。

图 4–6 调整色彩平衡

（6）调整亮度饱和度。

①单击【图层】面板底部的【创建新的填充或调整图层】按钮，在弹出的菜单中选择【色相 / 饱和度】命令。

②选择【绿色】通道，调整参数:【色相】–70，【饱和度】+20，如图 4–7 所示。

图 4–7 调整亮度饱和度

（7）使用蒙版柔化图层。

①单击工具栏中的【画笔工具】按钮，确认前景色为黑色，背景色为白色。

②在工具栏中设置画笔大小为 100，硬度为 0%，不透明度为 40%。然后涂抹人物面部和衣服，以防止颜色调整过度，如图 4–8 所示。

图 4-8 使用蒙版柔化图层

（8）盖印图层。

①按 Ctrl+Shift+Alt+E 盖印图层。

②自动生成【图层 2】，如图 4-9 所示。

图 4-9 盖印图层

（9）用曲线调整。

①单击【图层】面板底部的【创建新的填充或调整图层】按钮，在弹出的菜单中选择【曲线】。

②在曲线对话框中进行调整。向下（视照片明暗调整）调整曲线，降低图像的整体亮度，如图 4-10 所示。

图 4-10 调整曲线

（10）调整可选颜色，如图 4-11 所示。

①单击【图层】面板底部的【创建新的填充或调整图层】按钮，在弹出的菜单中选择【可选颜色】。

②在【颜色】下拉列表中选择【红色】，调整参数【青色】-25，【洋红】0，【黄色】+13，【黑色】0。

③在【颜色】下拉列表中选择【黄色】，调整参数【青色】-39，【洋红】+9，【黄色】0，【黑色】0。

④在【颜色】下拉列表中选择【白色】，调整参数【青色】+21，【洋红】0，【黄色】+34，【黑色】0。

图 4-11 可选颜色

（11）添加柔光。

①使用 Ctrl+Shift+Alt+E 盖印图层，自动生成【图层 3】。

②将【图层 3 副本】的混合模式更改为【柔光】，效果如图 4-12 所示。

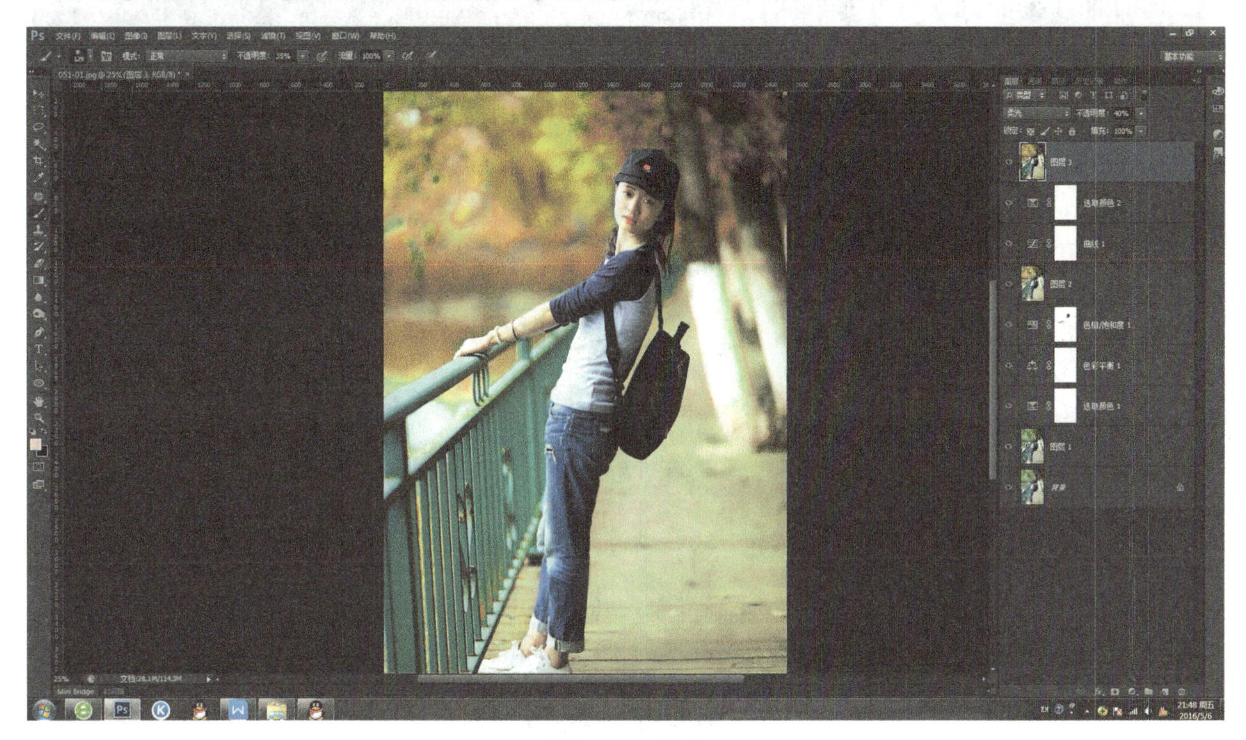

图 4-12　柔光

（12）合并图层。在菜单栏中选择【图层 / 合并可见图层】，合并所有图层。

（13）保存文件为适当格式。

4.4 美肤瘦脸

【任务背景】

数码相机可以清楚地拍出人物的细节，包括脸上的雀斑、痘痘、黑痣等瑕疵。对于爱美的人来说，最好是能用修图软件去除它们，同时还希望能修出小巧的脸型及大眼睛。

【任务要求】

要求把素材中人物皮肤变得光滑细嫩，五官更精致。

【任务分析】

修正细微的瑕疵，需要使用表面模糊，但不能影响到五官清晰度。同时需要液化五官让其变得更加精致突出。

【任务实施】

素材文件地址：数字资源 \ 项目四 \ 素材文件 \ 闻花姑娘 .jpg。

效果文件地址：数字资源 \ 项目四 \ 效果文件 \ 姑娘瘦了 .jpg。

（1）打开原图，使用【修补工具】，如图 4-13 所示。

①在 Photoshop CC 软件中单击【文件 / 打开】选项打开“闻花姑娘 .jpg”文件。

②在工具栏中选择【修补工具】。

图 4-13　修补工具

（2）修补脸上斑点。

①单击鼠标左键，拖拽光标，在人物脸部斑点处围合出选区。

②拖拽选区到周边光滑皮肤处，系统将自动修补斑点。

③用同样的方法，依次修除掉物脸部斑点，如图 4-14 所示。

图 4-14　修补脸部斑点

（3）选取皮肤部分。

①在菜单栏中选择【选择 / 色彩范围】选项。

②在弹出的【色彩范围】对话框中设置【颜色容差】为 40。如图 4-15 所示。

图 4-15　色彩范围

③单击人物皮肤部分，选择皮肤颜色。然后单击【添加到取样】按钮，再次选择人物皮肤的部分，添加选区，直到人物皮肤的所有区域被完全选中。在黑白的提示图中可以看到白色区域表示被选中部分。

④用套索工具减选皮肤以外的部分，如图 4-16 所示。

图 4-16　减选选区

（4）羽化选区。

①单击鼠标右键，在弹出的面板中选择【羽化】选项。

②将【羽化】值设为 1。

（5）光滑皮肤。

①选择【滤镜 / 模糊 / 表面模糊】选项。

②在弹出的【表面模糊】对话框中设置【半径】为 10 像素，【阈值】为 15，单击【确定】按钮即可。如图 4–17 所示。

图 4–17　表面模糊

（6）液化瘦脸。

①在工具栏中选择【套索工具】，选取画面中人物脸部部分。

②单击菜单中【滤镜 / 液化】选项。

③单击【液化】对话框里第一个向前变形工具，画笔大小为 500（可自行调整），画笔压力为 20，按住鼠标在人物脸部轮廓从外往里拉，达到瘦脸目的，如图 4–18 所示。

图 4–18　液化

④单击【液化】对话框里的第三个膨胀工具，画笔大小为 125，单击人物的眼睛，使人物眼睛变大。注意不要过分，以免失真。

图 4-19 眼睛增大

（7）压暗背景，突出主体人物。

①套索工具选出人物以外的背景选区，单击鼠标右键【羽化】，半径为 200。

②选择【图像 / 调整 / 色阶】选项。

③在弹出的【色阶】对话框中，通过向右拖动黑色三角滑块调整背景明暗，如图 4-20 所示。

图 4-20 色阶

4.5 Camera Raw 调整编辑 RAW 格式图片

【任务背景】

数码相机中拍摄的图片格式有两种：一种是JPG，另外一种是RAW。JPG格式可以直接预览和修改，而RAW格式却需要相机自带光盘软件或其他软件插件才能观看、编辑。用RAW格式保存照片是数码相机的一大优势，它包含了大量的图像信息。相比JPG格式，它的调整力度更大，画面损失却相应降低。

【任务要求】

要求把在Camera Raw调整编辑的相机原始格式文件，转入Photoshop CC进行JPG保存。

【任务分析】

如果Photoshop CC不能打开RAW格式图片，可能是Photoshop CC软件中没有安装Camera Raw插件，可自行下载安装。

【任务实施】

素材文件地址：数字资源 \ 项目四 \ 素材文件 \ 暖暖姑娘 .cr2。

效果文件地址：数字资源 \ 项目四 \ 效果文件 \ 暖暖姑娘 2.jpg。

（1）打开RAW图片“暖暖姑娘 .cr2”，Photoshop 自动启动 Camera Raw 插件，出现如图 4-21 所示界面，左侧为需要调整的RAW格式照片，右上方为该照片的直方图，右下方为调整选项。图片如果是竖构图，可以单击界面最上面第一排的旋转工具旋转图像。

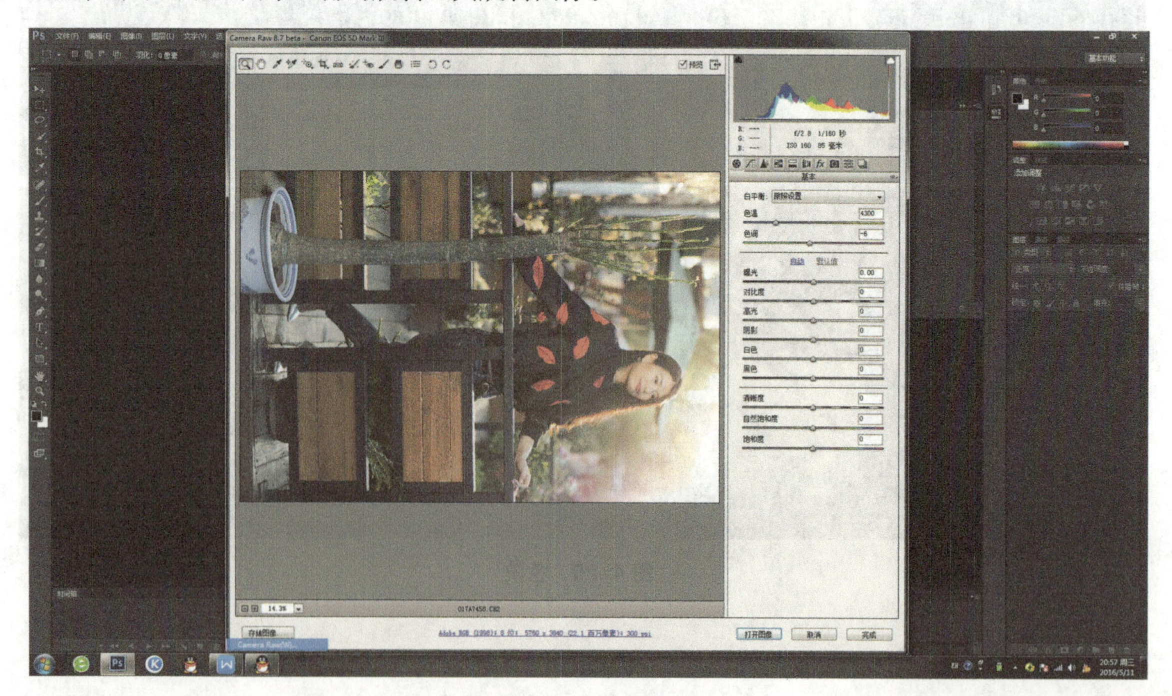

图 4-21　打开原始文件

（2）将鼠标指针置于直方图中左上方的三角图标上，单击激活【阴影修剪警告】功能，这时照片中因过暗而失去细节的部分会以蓝色显示;将鼠标指针放置在直方图右上方的【高光修剪警告】三角图标上。单击后，照片中所有因过亮而失去细节的部分会以红色显示。这些警告功能可以在处理照片时作为参考，从这里也能看出这款插件是专为对照片进行精细处理而特别设计的，如图 4–22 所示。

图 4–22　观察高光区域

（3）由于 Camera Raw 插件对照片的显示范围有限，如果需要对照片的细节进行观察和调整，可以使用 Camera Raw 上方工具条中的【放大镜】功能。单击放大镜图标，在照片中单击，即可对照片中局部细节进行放大查看，如图 4–23 所示。如果按住 Alt 键在照片中单击，可以对照片进行缩小显示。

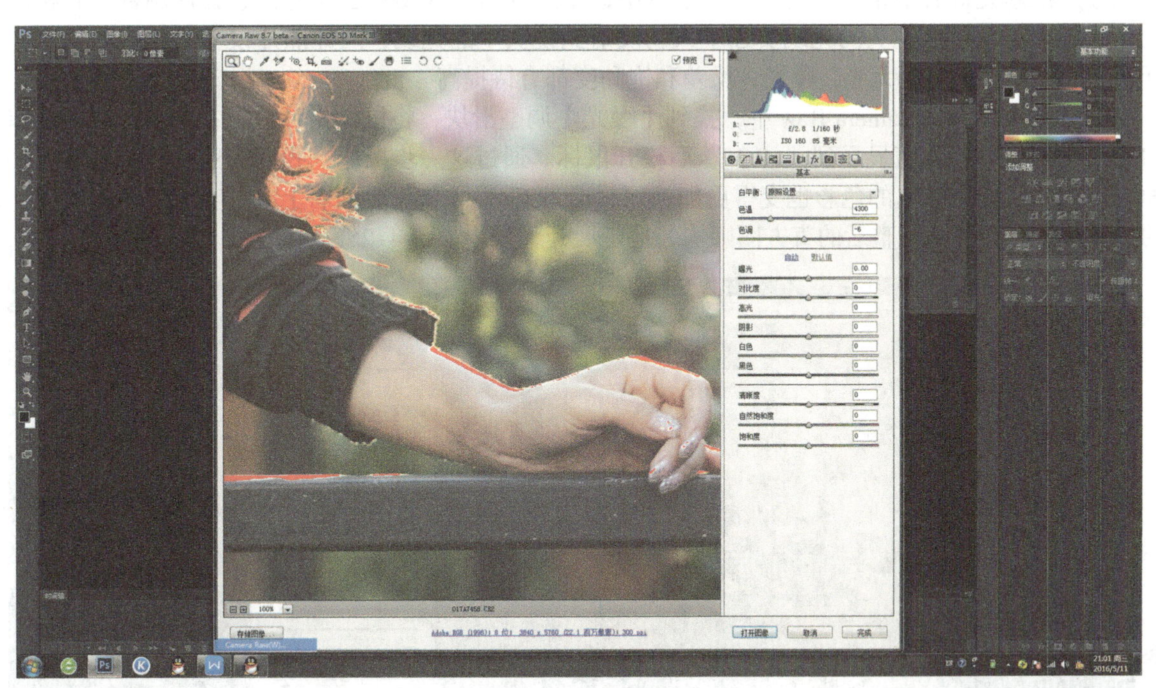

图 4–23　放大看细节

在 Camera Raw 界面左下角【存储图像】按钮的上方有三角形按钮，单击可以激活【选择缩放级别】下拉菜单。在其中选择缩放比例可以逐级对照片进行缩放，使照片细节一览无余。其中比较实用的是【100% 比例显示】和【符合视图大小】两项。这里重点介绍【100% 比例显示】。

当照片在 100% 比例模式下显示，画面细节会一目了然，可以用来查看局部曝光有无过度或不足，也可以查看拍摄主体的清晰度和层次。同时，还可以配合 Camera Raw 上方工具条中的【抓手工具】，按住鼠标左键在照片上拖动，改变浏览位置。

（4）快速提升照片品质。在 Camera Raw 中，最常用的是【基本】调整选项，它主要包含了对照片的色温处理、曝光处理、对比度处理和饱和度处理等重要功能，如图 4-24 所示。通过使用这些功能，可以让一张 RAW 照片旧貌换新颜。

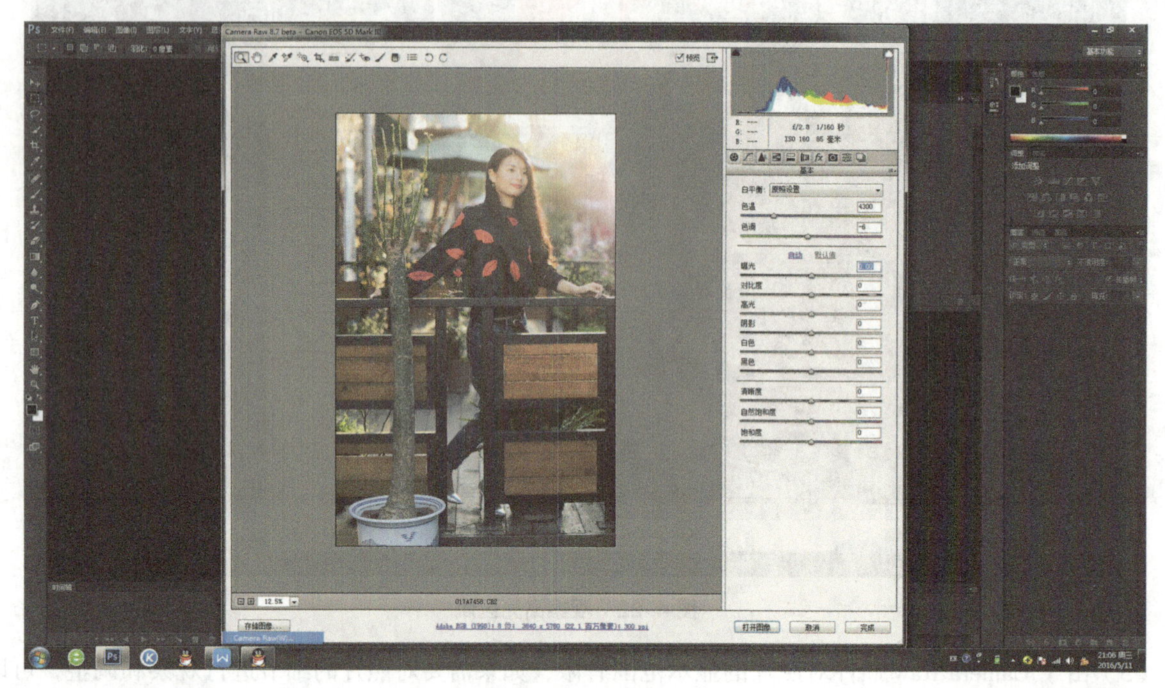

图 4-24　基本调整

人像是摄影爱好者最常拍摄的题材。示例中这张照片由于人物处于逆光位置，使用数码相机的自动测光模式拍摄时，射入镜头的光线要强于人物反射到镜头中的光线，因此照片模特脸部产生了曝光不足的问题，画面看上去暗淡无光，曝光、反差和饱和度都有待提高。

（5）将照片导入到 Camera Raw 中，找到【曝光】调整滑块，将鼠标指针放置在滑块上，按住鼠标左键向右移动滑块，当数值显示到“+0.25”后松开鼠标。通过这一步操作，我们为照片增加了曝光，使得画面更加明亮，同时花丛的色彩也变得更加艳丽。通过 Camera Raw 界面右上方的直方图可以看出，调整前的色块集中在左侧，调整后的直方图则均匀地延展开，效果如图 4-25 所示。

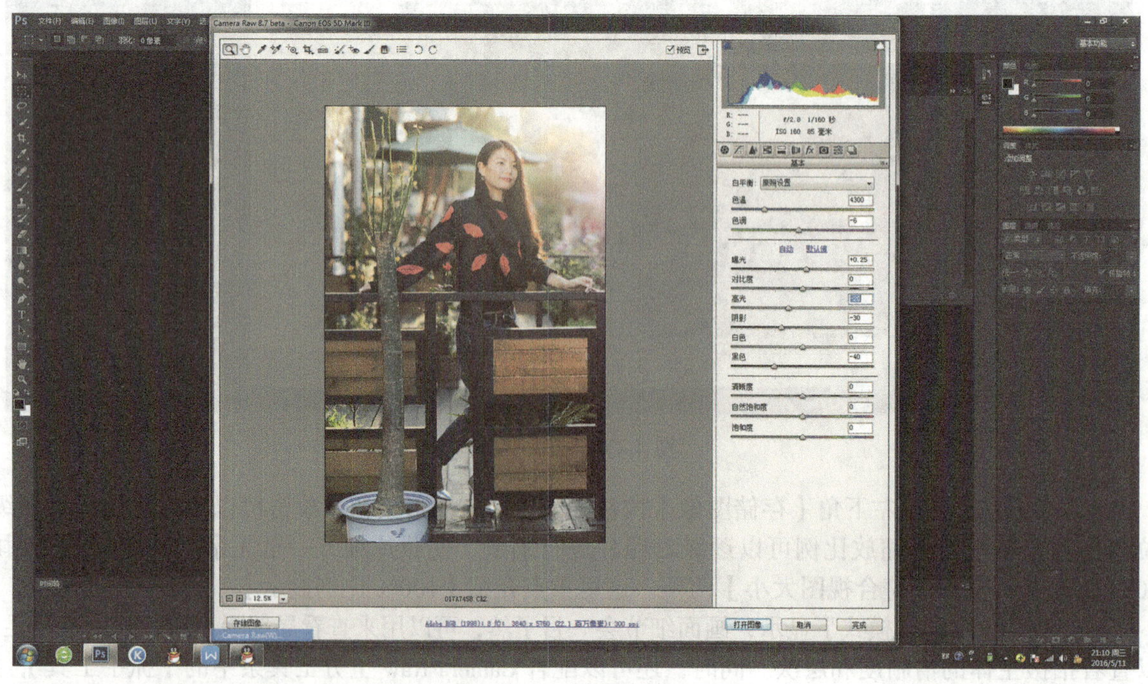

图 4-25　调整曝光

提高了照片的曝光值后，画面相比调整前显得更加明亮。但由于是对整张照片的效果应用，画面暗部的亮度也同时被提升，照片看上去显得对比度较低、反差较弱。此时可找到【黑色】调整滑块，根据画面显示将数值设定在“20”左右，让照片的暗部色调更加浓重，增大反差，使画面看上去更沉稳，效果如图 4-26 所示。

图 4-26　调整反差

经过“黑色”的调整，照片看上去更加接近拍摄时肉眼看到的画面，但是色彩还不够浓重。找到【对比度】滑块，将对比度设置为“+30”。这时由于对比度的增加，照片的直方图显得更加紧凑，画面反差近一步增大，颜色显得更加艳丽，逆光的光点更加明亮，叶子暗部的色调也更加浓重。

为使色彩更加艳丽，可以使用 Camera Raw 中【基本】调整栏的【饱和度滑块】。如果使用者曾经使用过 Photoshop 的【色相 / 饱和度】功能，就会发现该项调整会使画面出现色斑。这是因为 Photoshop CC 不仅是照片处理软件，还兼有平面设计功能，而 Camera Raw 在调整时会实时考虑到照片画质损失的问题。这里我们将饱和度滑块滑动至“+20”，使画面变得更加鲜活艳丽。

经过上一步的调整，花丛以及背后虚化绿叶的色彩得到明显提升，但由于 CameraRaw 对照片画质的保护作用，因此画质还有进一步提升的潜力。由于饱和度的调整功能是针对整张照片的，所示如果所有颜色都过饱和就会导致所有细节连成一片而无法分辨。这时可以使用“细节饱和度”功能继续调整，它可以在保护已饱和色彩的前提下继续美化照片色彩。

（6）处理完成后，单击打开图像，继续在 Photoshop CC 中精修。这时出现对话框，单击使用嵌入的配置文件，就可以继续在 Photoshop 中进行细致的调整，也可以直接存储为 JPEG 或 TIFF 等其他格式，以便使用，如图 4-27、4-28 所示。

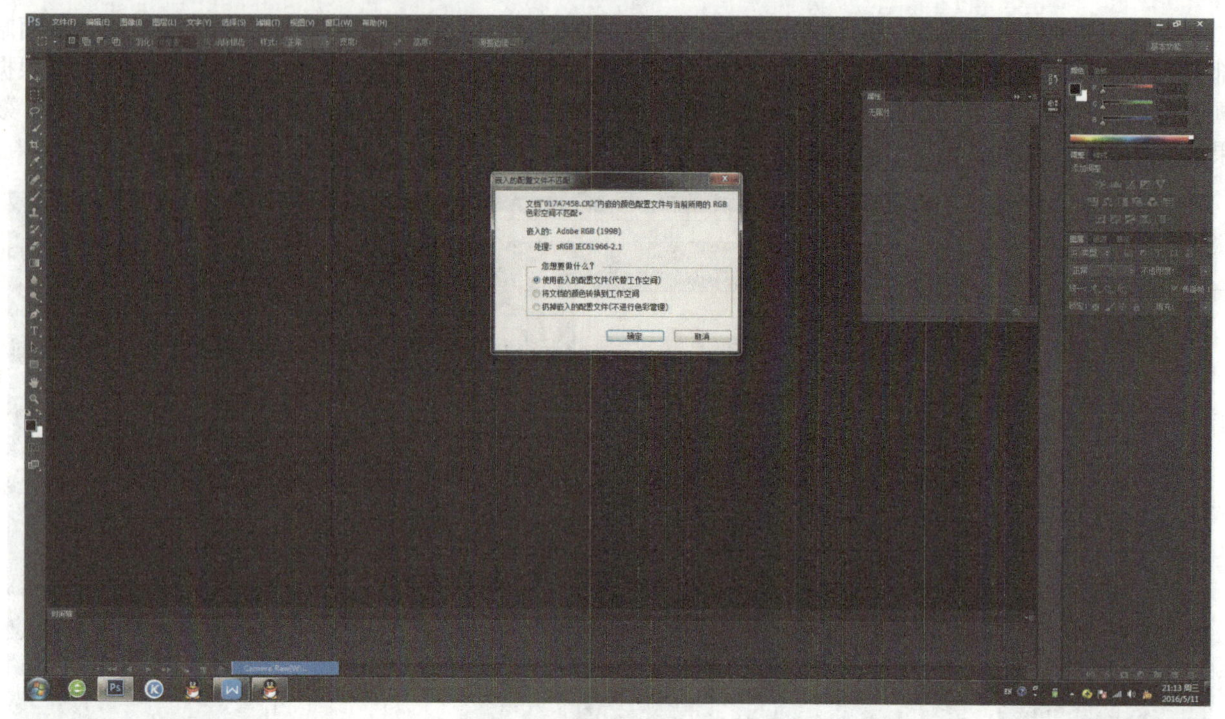

图 4-27　使用嵌入的配置文件

图 4-28　继续精修

【小结】

美在具体的意识对象身上。一片风景，都要依待审美知觉，成为知觉的意识对象，才能最终成为审美对象。美在“意义”，是知觉主体自身的情感、意志等对象化到了审美对象上。

美是情感体验的结果。审美对象引发主体各种不同的情绪和情感体验。在整个项目的制作过程中，对颜色原理的理解非常重要，只有对色彩感觉的敏感和对调色的经验不断积累，才能得心应手。

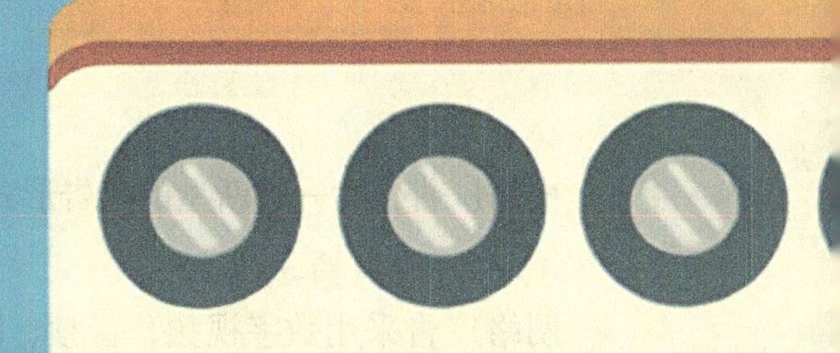

项目五　网络广告设计

内容摘要

随着互联网在全球范围的发展，其已经成为一个全球性的信息系统，并被人们称为是继报纸、广播以及电视以后的第四大传播媒体。网络广告应运而生，成为一种最新的广告形式，并将随着网络传播的发展和电子商务的应用而成长。

正如电视广告、报纸广告一样，网络广告只是广告形式的一种，它们的区别是广告媒介的不同。所以，网络广告是基于网络媒体的一种电子广告形式，英文称之为：Net AD（Network Advertisement 或 Internet Advertising）。网络广告作为信息社会的产物，其数字化特征是与生俱来的。网络广告从设计制作到发布，整个过程都必须在电脑上完成。

本项目主要讲授网络广告的媒介特点以及如何运用 Photoshop CC 进行网络广告的设计制作。

项目学习目标

知识目标：

1. 理解网络广告的特点与应用，掌握不同类型广告的设计要求，包括 Banner 广告、E-mail 广告和互动广告等。
2. 熟悉 Photoshop CC 的工具和功能，掌握如何创建和调整不同尺寸的广告素材。
3. 了解 Photoshop CC 中图层、文字工具、渐变色、滤镜效果等功能在广告设计中的应用。

能力目标：

1. 能够熟练运用 Photoshop CC 进行广告图形的处理，完成广告的设计布局、色彩调整及细节处理。
2. 能够根据广告的受众需求和功能要求，设计具有视觉冲击力和信息传达效果的广告图形。
3. 能根据不同广告项目的需求，调整色彩搭配、文字排版和图像布局，制作出符合主题和品牌形象的广告设计。

素养目标：

1. 培养良好的创意思维和广告设计的敏锐度，增强对网络广告趋势和用户需求的感知。
2. 培养良好的艺术感知能力，特别是在色彩、图形和排版设计方面，通过创作提高个人的设计艺术素养。
3. 树立广告设计的专业意识，注重细节和质量，力求在广告设计中传达清晰的品牌信息，并为用户提供有效的视觉体验。

5.1 网络广告的媒介特点

网络广告作为一种新型的广告形式，有着与其他广告形式不同的特点。

1. 广告信息数字化

网络广告采用数字视频、音频、图片、动画、文字等数字信息技术，通过电脑显示屏（或其他终端设备）播放。这种数字化的广告信息形式丰富，容量大，表现力强，可以充分吸收电视、报刊等广告的艺术优势，比如电子报刊、电子杂志、网上电视、网上广播。

2. 广告传播网络化

广告传播网络化是网络广告的基本特征，网络广告的媒介是国际互联网，即因特网。

3. 交互实时性

用户可以在网上自主地选择广告内容，广告信息可以根据用户需要实时地变动，广告传播者与受众可以随时沟通，可以随时接收反馈的信息和达成购买意向，查看广告无时间限制。

4. 广告对象的广域性

除了互联网，无论哪种媒体都受到域的限制。报纸受发行区域限制，广播电视受频道覆盖范围限制。而对于贯通全球的国际互联网，这一限制被真正打破了，一个网站上的广告可能会被全球每个角落的网民看到，而关键在于他是否点击广告的站点。对于邮件广告，更是可以轻而易举地向全球发放，关键在于其掌握多少客户的邮件地址。

5. 网络广告与营销可以一体化操作

运用网络广告的链接功能可以将广告设计成广告与销售一体化的形式，客户能直接点击感兴趣的广告，进入购买页面，填写定单、签定合同、网上支付，完成消费行为。这也是其他广告形式所不能达到的。

5.2 网络广告的主要形式

1. 网幅广告（Banner）

网幅广告是网上最常见的广告形式，一般以限定尺度表现商家广告内容的图片为形式，放置在广告商的页面上。最醒目的网幅广告出现在网站主页顶部（位置一般为右上方）的“旗帜广告”，也称为“页眉广告”或“头号标题”，其形式颇像报纸的报眼广告。一般每个网站主页上只有一个“旗帜广告”，因其注目性强，广告效果佳，所以收费也较高。它是网络广告中最重要、最有效的广告形式之一。

网幅广告分为横幅（Horizontal banner）和竖式（Vertical banner/portals）两种。横幅广告一般出现在网站主页的顶部和底部；竖式广告一般设在网站主页的两侧。

2. 电子邮件广告（E-mail Ad）

电子邮件广告是通过互联网将广告发送到用户电子邮箱的网络广告形式。它针对性强，传播面广，信息量大，其形式类似于直邮广告。电子邮件广告可以直接发送，但有时也通过搭载的形式发送：通过用户订阅的电子刊物、新闻邮件和免费软件以及软件升级等其他资料一起附带发送。也有的网站使用注册会员制，收集忠实读者（网上浏览者）群，将客户广告连同网站提供的每日更新的信息一起，准确发送到该网站注册会员的电子信箱中。这种形式的邮件广告容易被接受，具有直接的宣传效应。譬如向网易网站成功申请一个免费信箱时，在申请人的信箱里，除了一封确认信外，还有一封就是网易自己的电子邮件广告。

3. 网上分类广告

网上分类广告也是一种常见的广告形式。它的形式原理和报刊上的分类广告专栏没有什么本质区别，最主要的区别是网上分类广告利用超链接，可以使用详细的分层类目，构建庞大的数据库，提供最详尽的广告信息。利用强大的数据检索功能既能让用户方便地获得自己需要的广告信息，又能方便发布广告。

4. 自动弹出式广告（Pop-Up Ad）

自动弹出式广告也称“插入广告”或“弹跳广告”。当进入某一个网页，就有可能自动跳出一个窗口（大小约为正常网页的 1/4 或更小），内含广告图片和标语，或伴有动画和声音，用跳动的图标和字眼吸引看到的人去点击。

5. 链接式广告

链接式广告往往所占空间较少，在网页上的位置也比较自由。它的主要功能是提供通向厂商指定网页（站点）的链接服务，也称为商业服务链接广告。链接式广告的形式多样，一般幅面很小，可以是一个小图片或小动画，也可以是一个提示性的标题或文本。

6. 网页广告（Homepage Ad）

网页广告就是通过整个网页广告的设计传达广告内容。企业的网页广告一般都在自己的主页上，在其他网站媒体上通过购买带链接的广告形式可让客户点击到达。

7. 网站栏目广告

一些综合性网站和门户类网站都设有很多专栏，提供诸如新闻、娱乐、论坛等各方面的内容和活动。在网上结合某一特定专栏发布的广告通常称为网站栏目广告。这类广告很大一部分是赞助式广告，一般有三种赞助形式：内容赞助、节目赞助和节日赞助。赞助式广告形式多样，客户可根据自己所感兴趣的专栏内容或节目专题进行赞助。

8. 在线互动游戏广告（Interactive Games Ad）

在线互动游戏广告是一种新型的网络广告形式，它被预先设计在网上的互动游戏中。在一段页面游戏开始、中间和结束的时候，广告都可随时出现，并且可以根据客户的产品要求定做一个属于自己产品的互动游戏广告。

9. 其他网络广告形式

其他的网络广告形式有随网上可下载的资料一起下载的附加式搭载广告、下拉菜单式广告和鼠标指向放大式广告、新鲜有趣的光标广告、鼓励网民点击的有奖广告等。随着互联网软、硬件技术的提高和应用，其他新型的网络广告将不断涌现，比如网上广播广告和网上电视广告将随着网上数字广播和数字电视的发展普及而占据一席之地，越来越多生动活泼的网络广告形式将出现在网上。

5.3 横幅 Banner 广告设计

【任务背景】

为某公司制作 Banner 流量广告横幅设计。如图 5-1 所示。

图 5-1 流量广告横幅

【任务要求】

要求设计扁平风格广告。

【任务分析】

根据客户的要求，任务考虑使用蓝色、浅蓝色为主要色彩。在设计执行中，此任务主要使用到 Photoshop CC 中的钢笔工具、矩形工具、图层混合模式的使用。

【任务实施】

素材文件地址：数字资源 \ 项目五 \ 素材文件 \Banner 广告 .jpg。

效果文件地址：数字资源 \ 项目五 \ 效果文件 \Banner 广告 .psd。

（1）执行【文件】|【新建】Photoshop CC 画布命令，新建一个分辨率为 72 像素 / 英寸的空白文档，具体参数设置如图 5-2 所示。

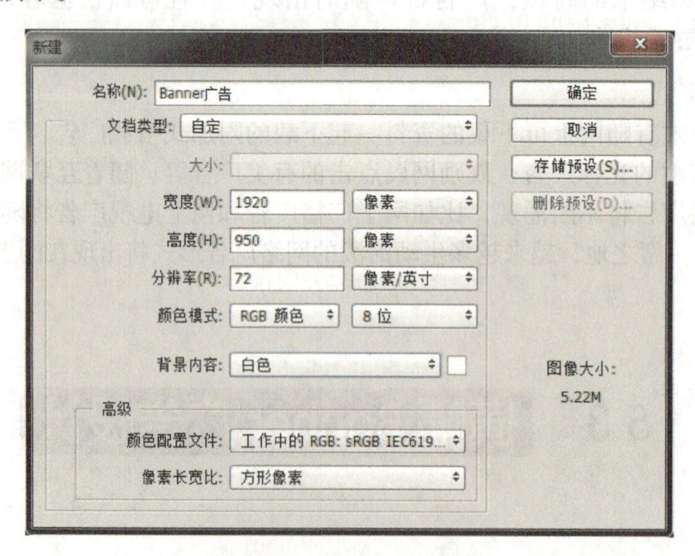

图 5-2 新建空白文档

（2）【填充】背景色，色值：#03c2f2，按 Ctrl+Delete 选择前景色并建立辅助线，辅助线距离要求中间距离 1200 像素，上下距离 600 像素，这样做的目的是兼容小型的笔记本电脑显示，如图 5-3、图 5-4 所示。

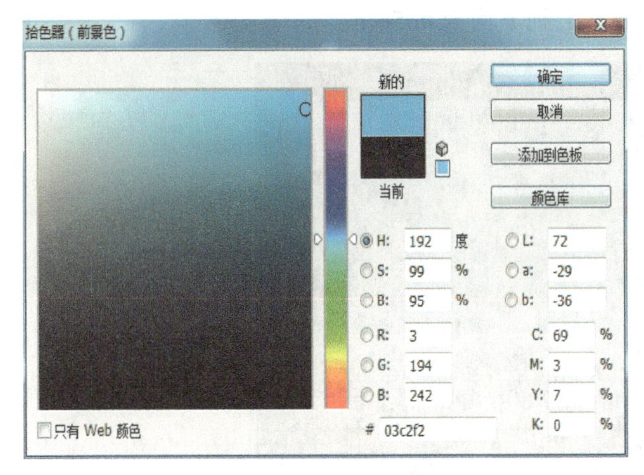

图 5-3　拾色器对话框

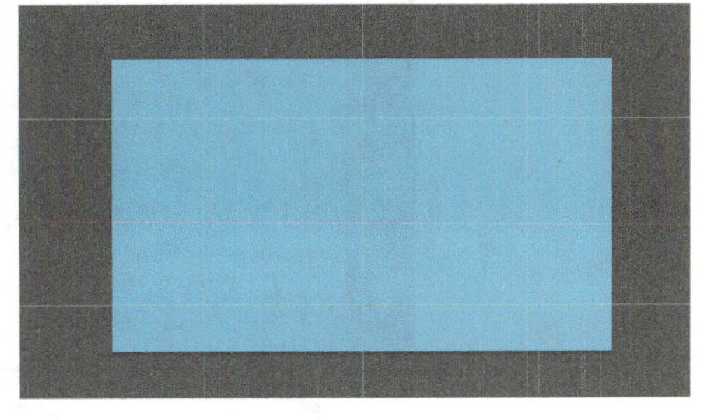

图 5-4　文件颜色

（3）制作画面背景图素材：单击工具面板中的钢笔工具，如图 5-5 所示。在属性栏中选择路径，颜色色值：#d5ecff，绘制效果如图 5-6 所示。

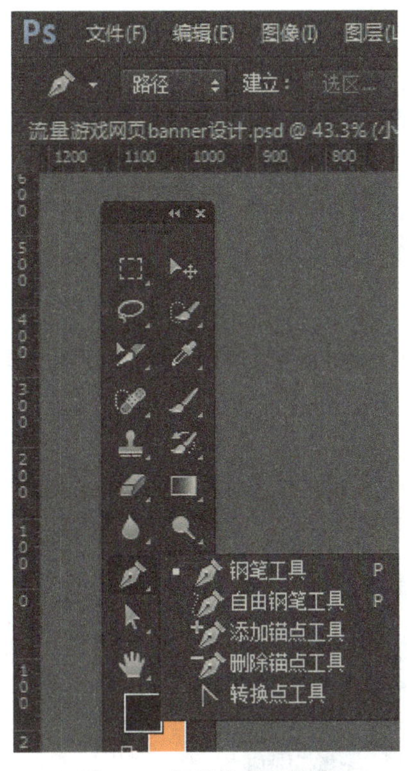

图 5-5　钢笔绘制工具箱

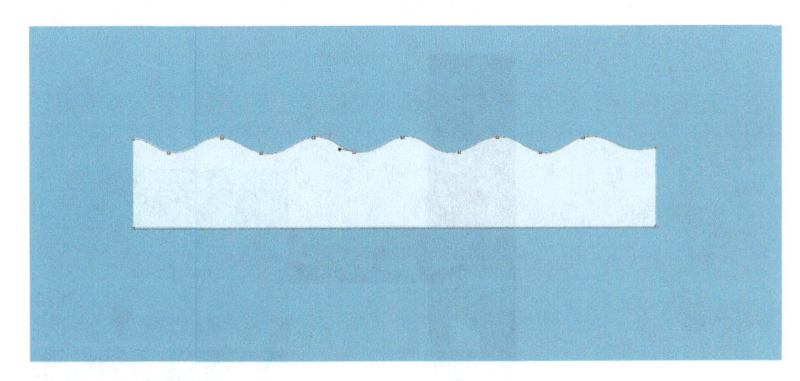

图 5-6　钢笔绘制效果

（4）连续复制多个并连接起来，如图 5-7 所示。

图 5-7　连续绘制效果

（5）复制成三组，排列成如图 5-8 所示效果，色值从上到下均为 #d5ecff。

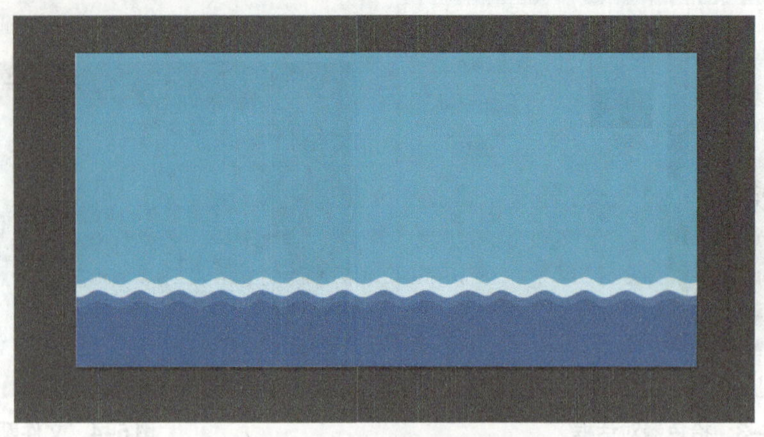

图 5-8　三组排列绘制效果

（6）使用【椭圆工具】画气泡，【图层填充】为 0%，在图层样式中设置 1 像素的描边，并设置颜色 #0e6598，#ffffff。复制多个并摆放如图 5-9 所示。

图 5-9　气泡绘制效果

（7）使用【椭圆工具】和【矩形工具】画出小云朵，注意画出第一个椭圆时按住 Shift 按钮连续画出其他椭圆和矩形，使用【直接选择工具】调整形状如图 5-10 和图 5-11 所示。

图 5-10　路径选择工具

图 5-11　椭圆云朵绘制效果

（8）复制多个云朵，调整图层透明度，如图 5–12 所示。选择直线工具，粗细设置 1 像素，画出直线，按 Ctrl+T 调整素材角度并设置其透明度，如图 5–13 所示。

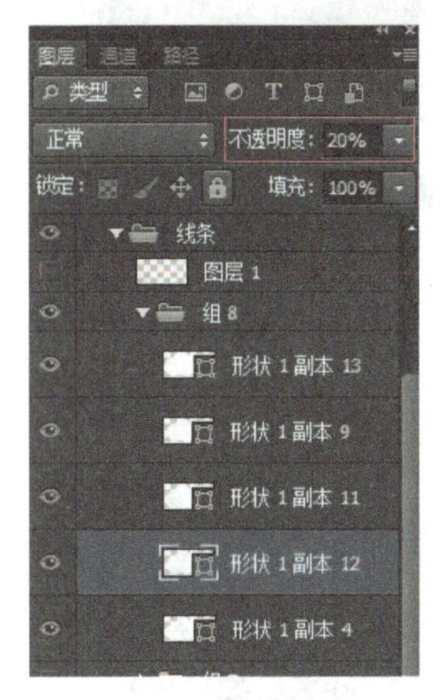

图 5–12　云朵透明度调整

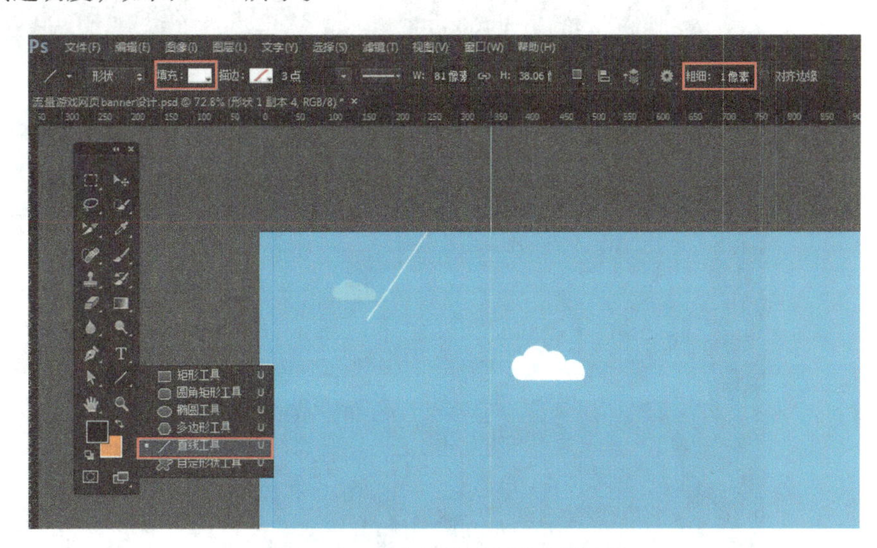

图 5–13　云朵透明度绘制工具选择

（9）继续选择【直线工具】，粗细设置 1 像素，画出其他直线，按 Ctrl+T 调整素材角度并设置其透明度，如图 5–14 所示。

图 5–14　素材直线绘制效果

（10）选择【画笔工具】，设置大小为 800 像素，硬度为 0，设置其透明度 45%，画出一个光晕并拖至画面右上角。如图 5–15 和图 5–16 所示。

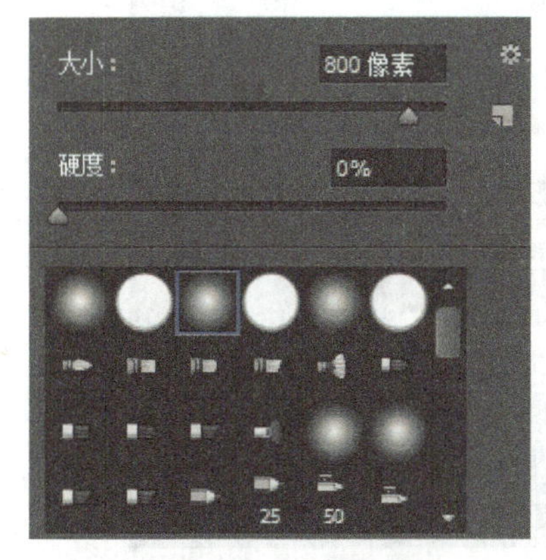

图 5–15　画笔设置

图 5–16　光晕效果

（11）选择事先准备好的海报主题素材，把素材放置海浪背景下方，如图 5-17 所示。

图 5-17　主体素材效果

（12）在工具面板选择【横排文字工具】输入主标题：梦想不止步，续航每一刻。其中“梦想”、“不止步”使用“方正大黑简体”进行加粗。副标题为“完成任务免费获取 20000MB 手机流量”。主标题设置字体为“微软雅黑”，字号为 88 像素，颜色为 #ffffff。副标题设置字体为“微软雅黑”，字号为 24 像素，颜色为 #ffffff。属性设置如图 5-18 和图 5-19 所示。效果如图 5-20 所示。

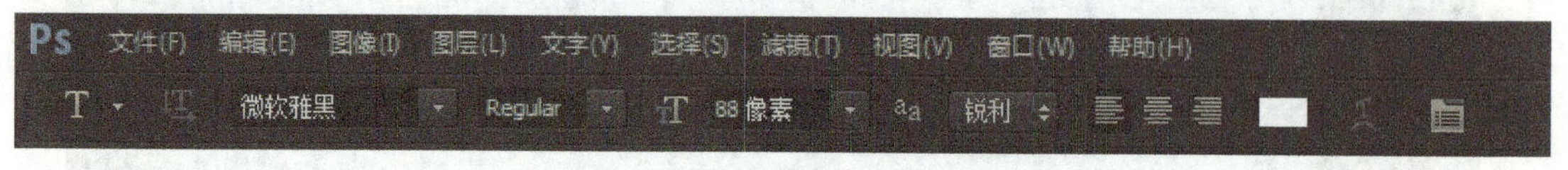

图 5-18　字体属性设置（1）

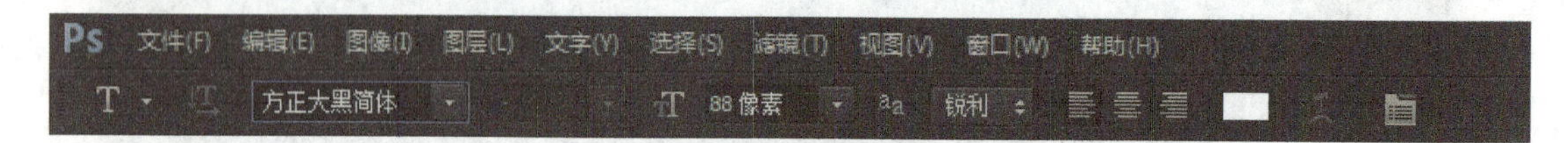

图 5-19　字体属性设置（2）

图 5-20　主体素材效果

（13）分别用【矩形工具】画出一个大小为 550×40 像素，颜色为 #00bdb3 的矩形条放置于副标题下方。按钮为 370×85 像素，颜色为 #ffbf34。并输入文字“立即体验”，字号为 38 像素，颜色为 #854a00。字体和黄色按钮居中对齐。如图 5-21 和图 5-22 所示。

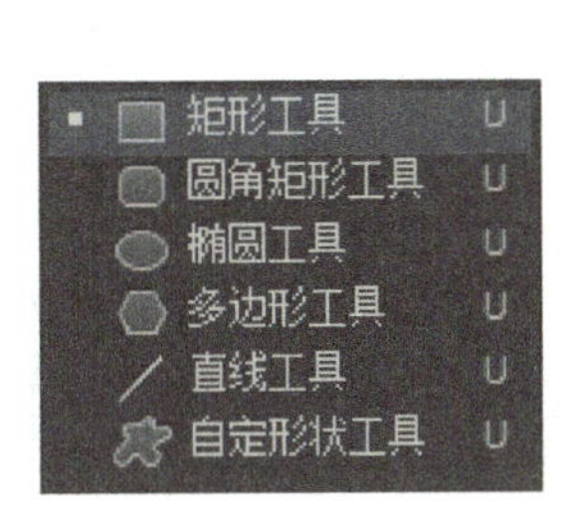

图 5-21　矩形工具选择

图 5-22　文字按钮效果

（14）添加光效，【新建】800×800 像素的画布，填充黑色 #000000。执行【滤镜】|【渲染】|【镜头光晕】|【调整光晕角度】命令，最后将文件存储为 JPG 格式。

具体步骤如图 5-23 至图 5-28 所示。

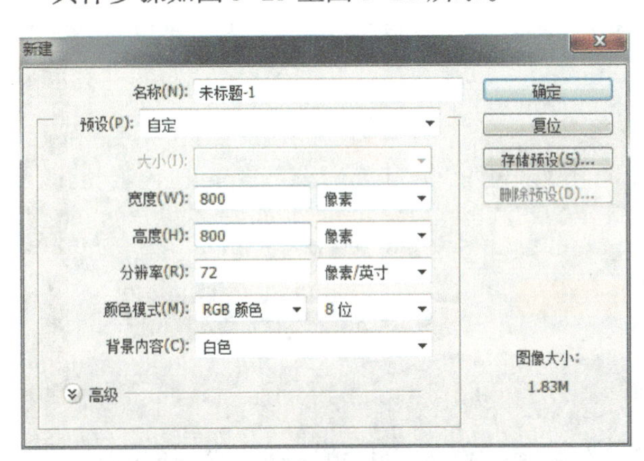

图 5-23　新建添加光效文件

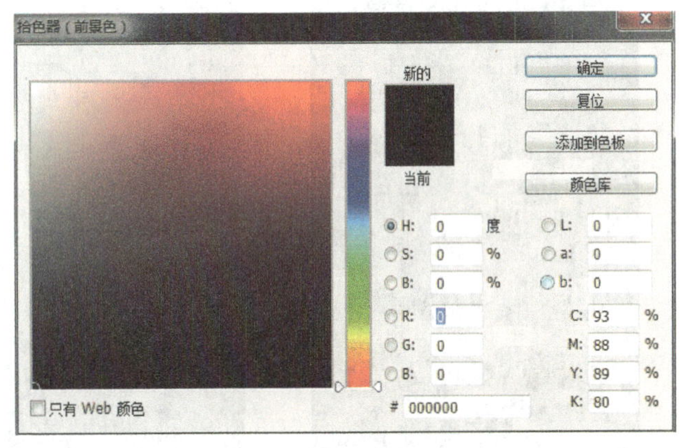

图 5-24　填充颜色

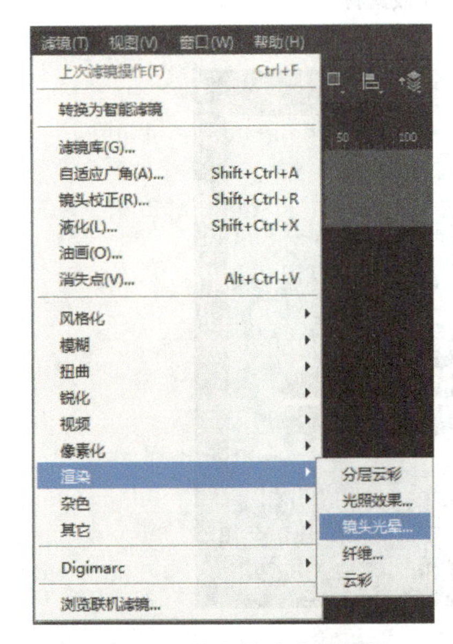

图 5-25　执行镜头光晕操作

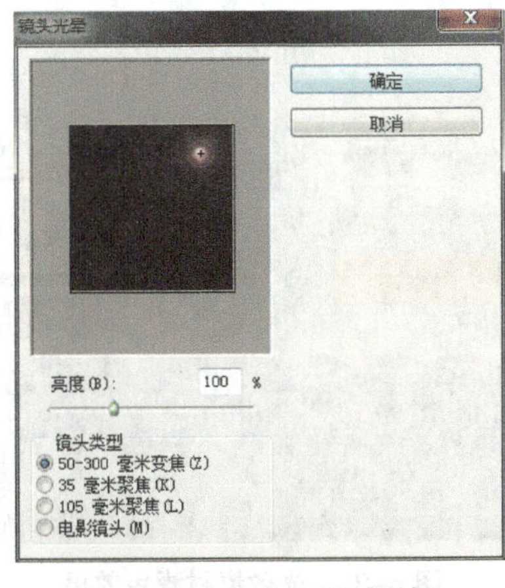

图 5-26　镜头光晕对话框

图 5-27　添加光效效果

（15）将制作好的光晕效果拖拽至“Banner 广告”文件中，放入右上角并将图层混合，模式为【滤色】。再次复制一层，设置其透明度为 20%，如图 5-28 和图 5-29 所示。

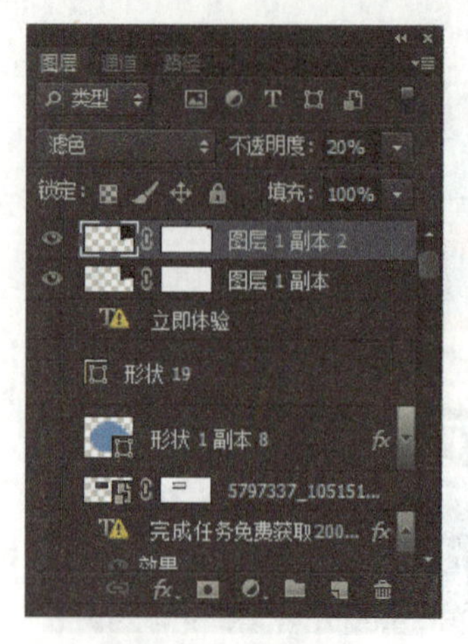

图 5-28　选择图层

图 5-29　添加图层混合滤色效果

（16）打开数字资源中的“光效 .jpg”素材，拖拽至“Banner 广告”文件画布中，将图层混合模式设置为【滤色】，添加图层蒙板，并设置好前景色为黑色：00000，把有文字的地方进行涂抹，并删除。最后效果如图 5-30 至图 5-33 所示。

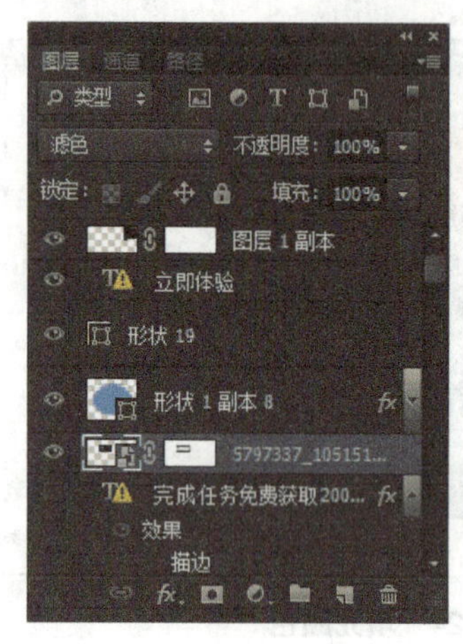

图 5-30　选择图层混合模式

图 5-31　添加光效素材

图 5-32　光效素材滤色效果

图 5-33 最终效果

5.4 旗帜 Banner 广告设计

【任务背景】

为某公司制作 Banner 户外活动广告。图 5-34 为活动广告设计图。

图 5-34 活动广告设计图

【任务要求】

要求设计成扁平风格广告。

【任务分析】

根据客户的要求，任务考虑使用绿色、蓝色为主要色彩。在设计执行中，此任务主要使用到 Photoshop CC 中的字体工具、图层样式、路径工具等。

【任务实施】

素材文件地址：数字资源 \ 项目五 \ 素材文件 \ BANNER 广告 .jpg。

效果文件地址：数字资源 \ 项目五 \ 效果文件 \ BANNER 广告 .psd。

（1）执行【文件】|【新建】命令，新建一个 1920×200 像素的空白文档，为背景图层添加浅蓝到深蓝的渐变，具体参数设置如图 5-35 和图 5-36 所示。

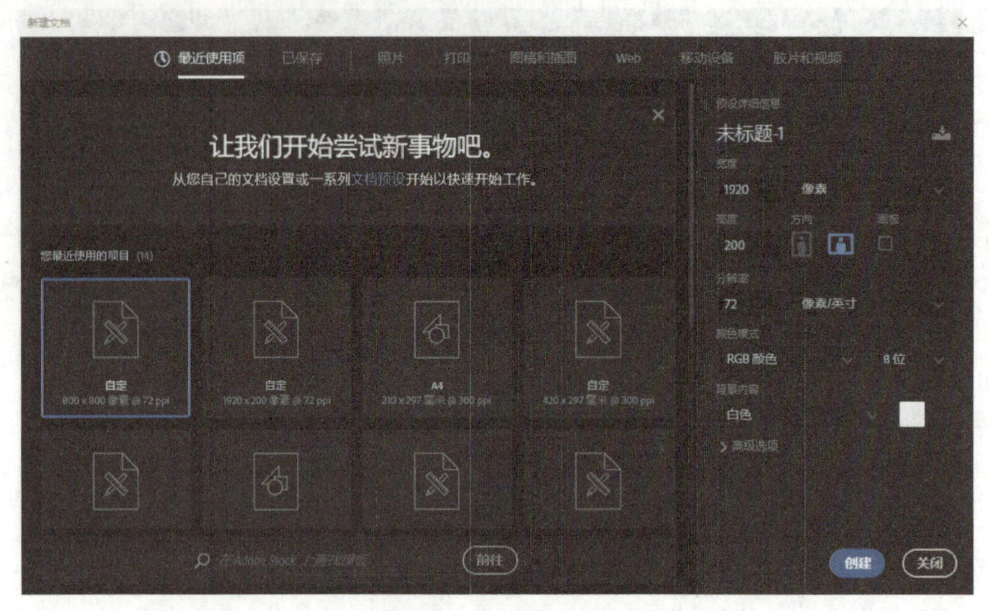

图 5-35 新建空白文件

图 5-36 渐变背景颜色效果

（2）按 Ctrl+R 显示出标尺，将光标移动到标尺上按住鼠标左键拖拽出 2 条参考线，分别为两侧留出 200 像素的留白，效果如图 5-37 所示。

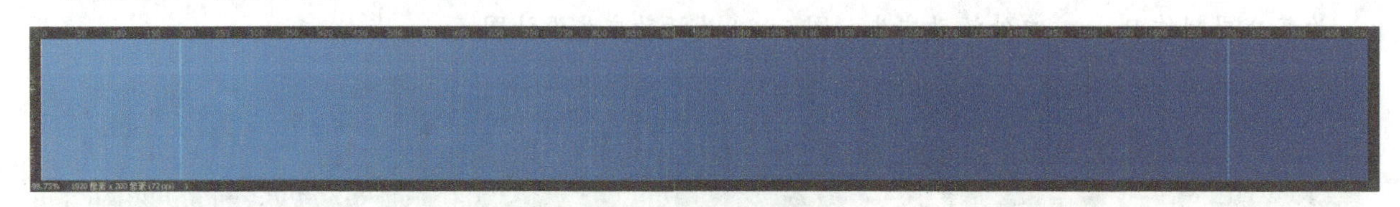

图 5-37 添加参考线

（3）选择【椭圆工具】选择路径模式。画出背景，色值为 #00cb30，如图 5-38 所示。

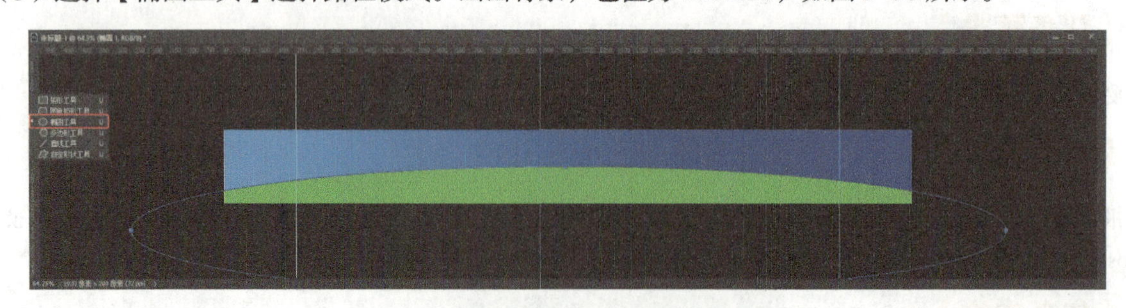

图 5-38 椭圆只需要一小部分留在画面中

（4）新建图层，用【椭圆选框工具】画出白色的椭圆，再进行复制，得到云朵的形状，如图 5-39 所示。

图 5-39 显示效果

（5）将云朵的三个图层合并，并使用【矩形选框工具】选中并删除白云多余的部分，如图 5–40 和图 5–41 所示。

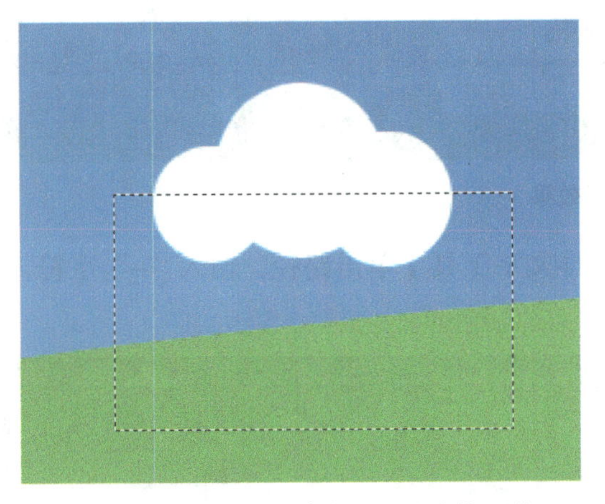
图 5–40　选框工具选中需要删除的区域

图 5–41　删除后效果

（6）按 Alt 键复制云朵图层，选择【自由变换】Ctrl+T，把复制出来的云朵调整到合适的大小和位置，如图 5–42 所示。

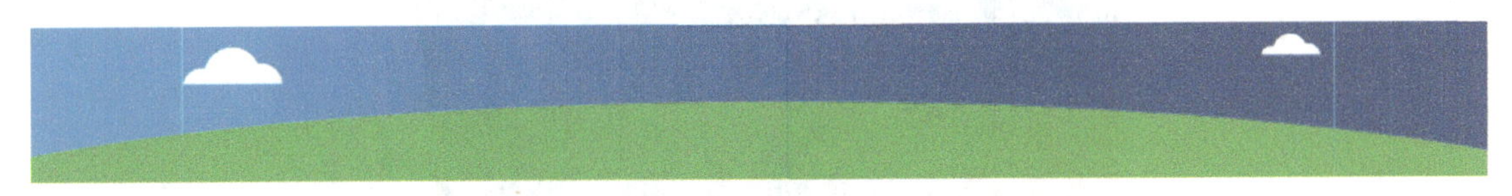
图 5–42　显示效果

（7）选择相应的字体，打上适合大小的文字，如图 5–43 所示。

图 5–43　显示效果

（8）分别为文字图层添加【图层样式】【描边】和【投影】命令，参数和最后效果如图 5–44 至图 5–46 所示。

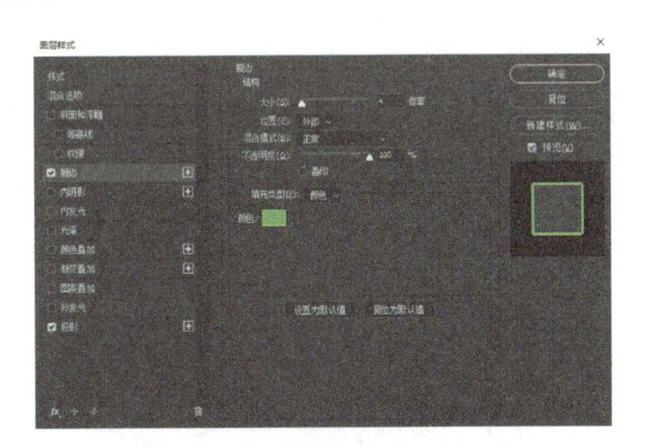
图 5–44　添加绿色描边

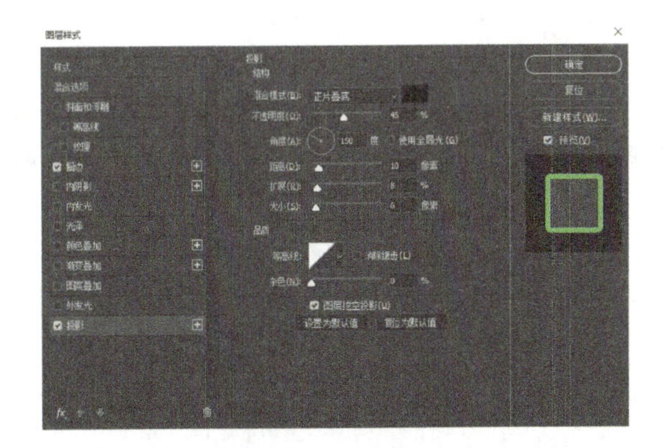
图 5–45　添加投影

图 5–46　显示效果

（7）打开数字资源中的“素材 1.png”、“素材 2.png”、“素材 3.png”、“素材 4.png”、“素材 5.png”，分别拖拽至画布中，调整大小和位置，最后效果如图 5–47 所示。

图 5–47　显示效果

（8）用【钢笔工具】分别画出两条路径，选择【横排文字工具】单击路径，输入“–”字符，如图 5–48 至图 5–50 所示。

图 5–48　绘制路径

图 5–49　用文字工具在路径上输入字符

图 5–50　最终效果图

【小结】

互联网广告是当下广告设计的重要组成部分，本项目中主要使用了 Photoshop CC 中的图形矢量路径绘制中的钢笔、椭圆、矩形、文字等工具，通过此项目的学习，学生可以掌握矢量工具的使用。

项目六 APP UI设计

内容摘要

随着智能手机的快速发展，APP类软件受到越来越多的人的青睐。APP UI设计主要介绍了图标设计的领域和概念，包括图标设计中的色彩理论、图标的设计技巧和用Photoshop CC制作各种UI常用元素的方法，即常用图形、控件、启动图标和图片的特殊处理以及各种类型APP。

项目学习目标

知识目标：

1. 了解APP UI设计的基本概念和应用范围，掌握常见的设计原则。

2. 理解Photoshop CC在APP UI设计中的应用，掌握UI设计常用的工具和功能，如图形绘制、色彩调整等。

3. 理解APP UI设计中的用户体验原则，掌握界面布局、元素排版、交互效果等设计技巧。

能力目标：

1. 能使用Photoshop CC进行APP UI设计，包括图标、界面布局、按钮等元素的设计与优化。

2. 能运用Photoshop CC的高级功能，如图层样式、智能对象、渐变工具等，提高设计效果和表现力。

3. 能综合运用UI设计原理、色彩搭配与布局设计，制作符合用户体验的高质量APP界面。

素养目标：

1. 培养创新思维与审美能力，通过UI设计展示个性化的艺术风格和创意。

2. 提高对细节的关注度，培养在UI设计中处理复杂元素和效果的能力。

3. 树立责任感和团队合作意识，培养严谨的设计态度，理解UI设计对产品成功的关键作用，确保设计质量符合开发要求。

6.1 什么是UI设计

用户界面（User Interface，UI），是指对软件的人机交互、操作逻辑、界面美观的整体设计，包括交互设计、用户研究和界面设计3个部分。

UI设计分为硬件界面和软件界面两大类，本书主要介绍软件界面设计。一个好的UI设计不仅要让软件变得有个性、有品味，还要让软件的操作变得舒适、简单、自由，充分体现软件的定位和特点。

在漫长的软件发展中，界面设计工作一直不被重视。其实，软件界面儿设计就像工业产品中的工业造型设计，是产品的重要卖点。一个友好、美观的界面会给人带来舒适的视觉享受，拉近人与软件的距离。

界面设计不是单纯的美术绘画，它需要定位使用者、使用环境、使用方式并且为最终用户而设计，是纯粹的、科学性的艺术设计。检验一个界面的标准实际上就是最终用户的感受。所以界面设计要和用户研究紧密结合，是一个不断为最终用户设计满意视觉效果的过程。

6.2 APP UI设计原则

1. 针对手机本身的物理特性受限设计的原则

（1）移动APP客户端的文字输入，必须要降到最低。由于手机在输入上的低效性，在设计的过程中，应尽量减少用户的输入，尽可能设置默认值，或者让用户选择目标值。

（2）移动APP客户端的信息结构好，屏与屏之间的逻辑关系清晰。由于手机屏幕只能展示较少的信息量，因此，在手机设计上，更需要有清晰的信息架构，用户知道当前位置，并能返回。

（3）移动APP客户端的重要功能都需要在界面中有适当的提示。由于手机屏幕较小，不能展示所有的信息，因此，对重要的、使用频率高的功能或信息要放在重要的位置，并在首页上展示或指示。

2. 针对手机的移动特性设计的原则

（1）移动APP客户端最主要的功能操作，可以用单手完成。由于手机使用情景具有多样性，在很多情景下，用户都只能单手来操作手机，因此，在客户端的设计过程中，需要考虑最重要的核心功能——能否单手操作完成。

（2）移动APP客户端的界面必须简洁，操作简单，操作步骤少。如果用户操作情景复杂，在使用客户端的过程可能会有不愉快的体验，因此，在设计客户端的过程中，逻辑必须简单，操作步骤也要减少。

（3）移动APP客户端的界面层次不要太深，最好不要超过3级。

（4）移动APP客户端的提示包括界面、声音、振动等多种形式。用户在操作手机时，往往不会一直盯着手机屏幕看，因此，很多手机状态页面的切换，脱离了用户的视线。这时，必须要提供视觉之外的其他感觉通道的信息（如听觉和触觉等），来提示用户，快速体验移动触摸响应操作等。

3. 其他移动UI设计原则

（1）客户端UI的适配不必与所有的平台都保持一致，只要体现一些品牌的关键元素即可。

（2）客户端的主要操作方式（框架、导航、按键功能及软键对应方式等）应与所承载的手机操作系统保持一致，客户端通常承载在某款具体的手机平台中，而用户会对当前的手机平台很熟悉。因此，在设计的过程中，需要更好地理解当前的手机平台，并使客户端的设计与手机系统的设计逻辑保持一致。

6.3 指纹图标设计

【任务背景】

为某医院 APP 设计一个指纹验证图标。

【任务要求】

为了更好地体现医院的属性，要求图标的配色为高调的冷色系。

【任务分析】

根据医院的要求，图标的色彩设计选择冷色调、高调的色彩。为了符合这一属性，任务考虑使用银灰色、浅蓝色为主要色彩。在设计执行中，此任务主要使用到 Photoshop CC 中的图形绘制工具与图层样式效果。

【任务实施】

素材文件地址：数字资源 \ 项目六 \ 素材文件 \ 指纹 .png。

效果文件地址：数字资源 \ 项目六 \ 效果文件 \ 指纹图标 .psd。

任务效果如图 6–1 所示。

（1）执行【文件】|【新建】命令，新建一个 800×800 像素的空白文档，具体参数设置如图 6–2 所示。

图 6–1 指纹图标

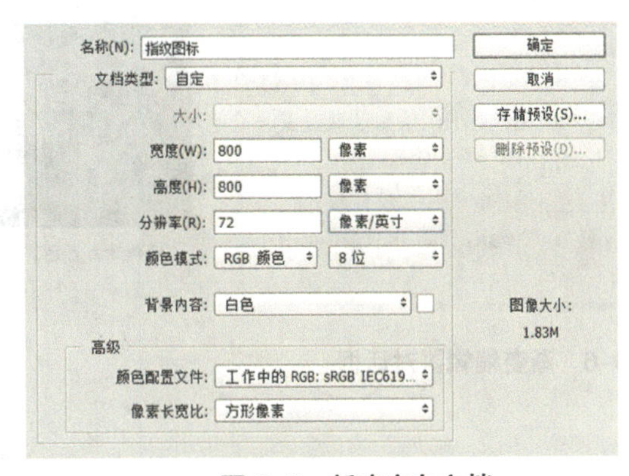

图 6–2 新建空白文档

（2）在【图层】面板中双击背景图层，将图层解锁，命名为“背景”，如图 6–3、图 6–4 所示。

图 6–3 解锁背景图层

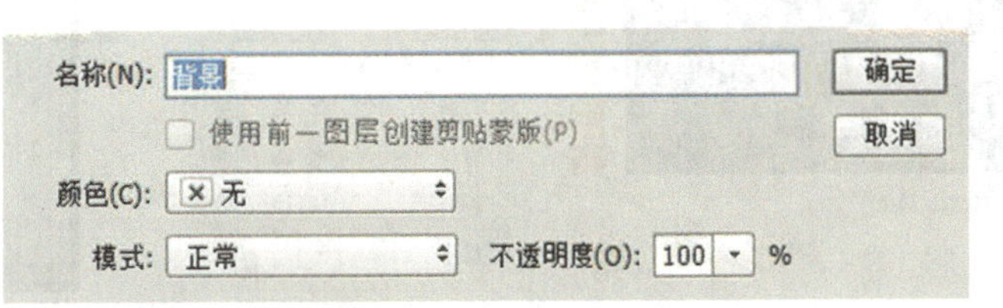

图 6–4 命名图层

（3）选中背景图层，执行【图层】|【图层样式】|【渐变叠加】命令，给背景图层添加【渐变叠加】样式。或在【图层】面板中选中背景图层，单击面板底部的【添加图层样式】图标 fx，弹出【图层样式】对话框，如图 6–5 所示。

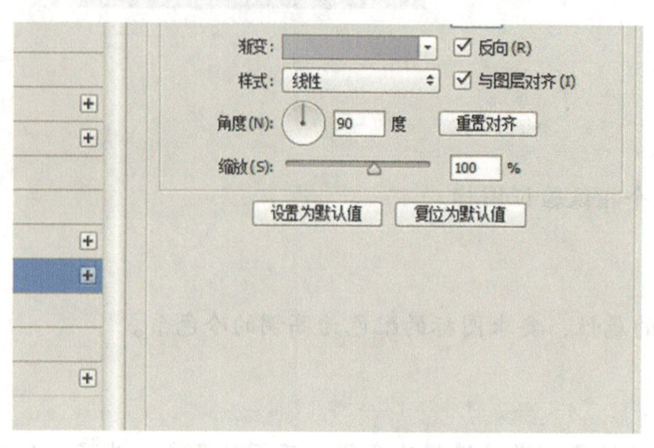

图 6–5　渐变叠加样式对话框

（4）单击渐变颜色，打开【渐变编辑器】对话框，如图 6–6 所示。然后双击对话框中的游标，打开拾色器，具体颜色参数设置如图 6–7 和图 6–8 所示。设置完背景图层效果如图 6–9 所示。

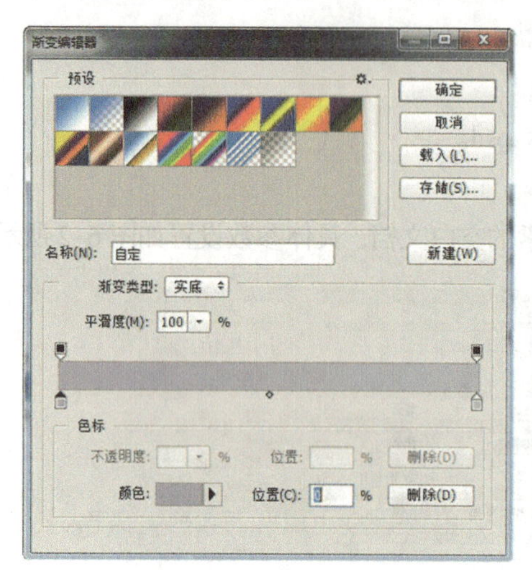

图 6–6　渐变编辑器对话框

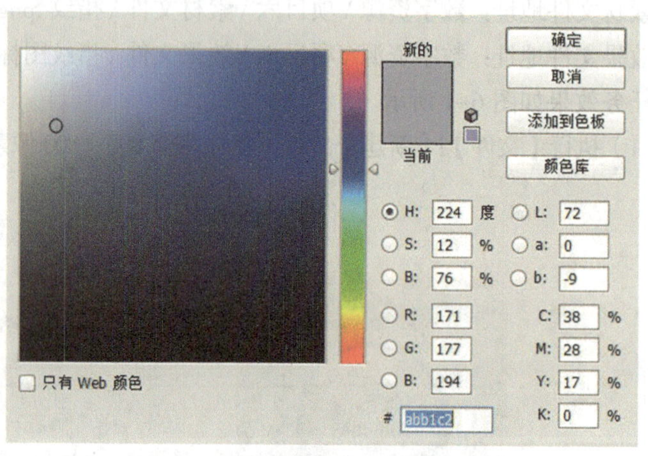

图 6–7　游标 1 颜色设置

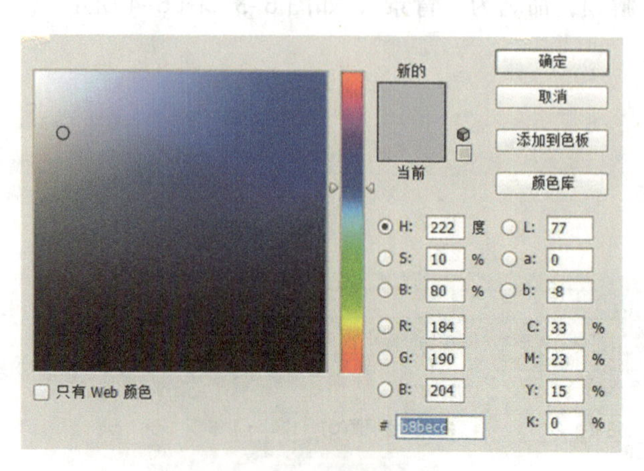

图 6–8　游标 2 颜色设置

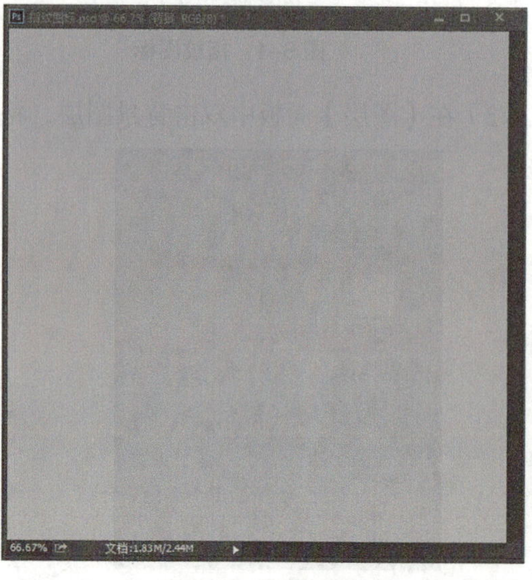

图 6–9　背景效果

（5）单击【工具】面板中的圆角【矩形工具】▢，创建一个 512×512 像素的圆角矩形作为图标的底板，具体参数设置如图 6–10 所示。

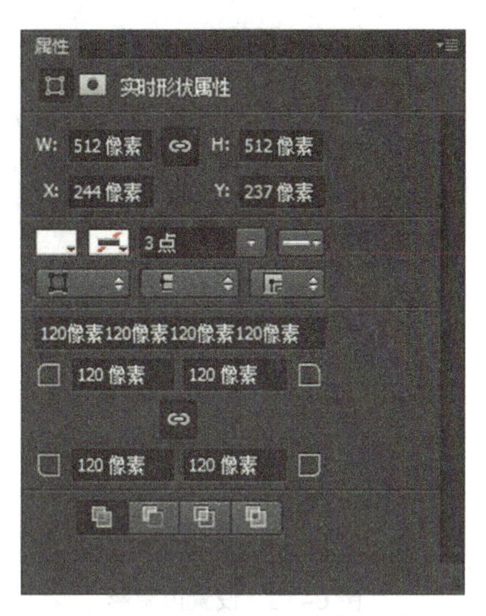

图 6–10 圆角矩形参数设置

（6）在【图层】面板中，双击圆角矩形图层，将其命名为“底板”。按住 Ctrl 键分别单击两个图层，然后在【选项】面板中单击【水平居中】、【垂直居中】按钮，如图 6–11 所示。将圆角矩形与背景图层居中对齐。

图 6–11 选项面板设置水平、垂直居中

（7）在【图层】面板中选中底板图层，单击面板底部的【添加图层样式】图标 fx，给图层分别添加【斜面和浮雕】、【内阴影】、【渐变叠加】、【投影】等图层样式。具体参数设置如图 6–12 至图 6–16 所示。图标底板效果如图 6–17 所示。

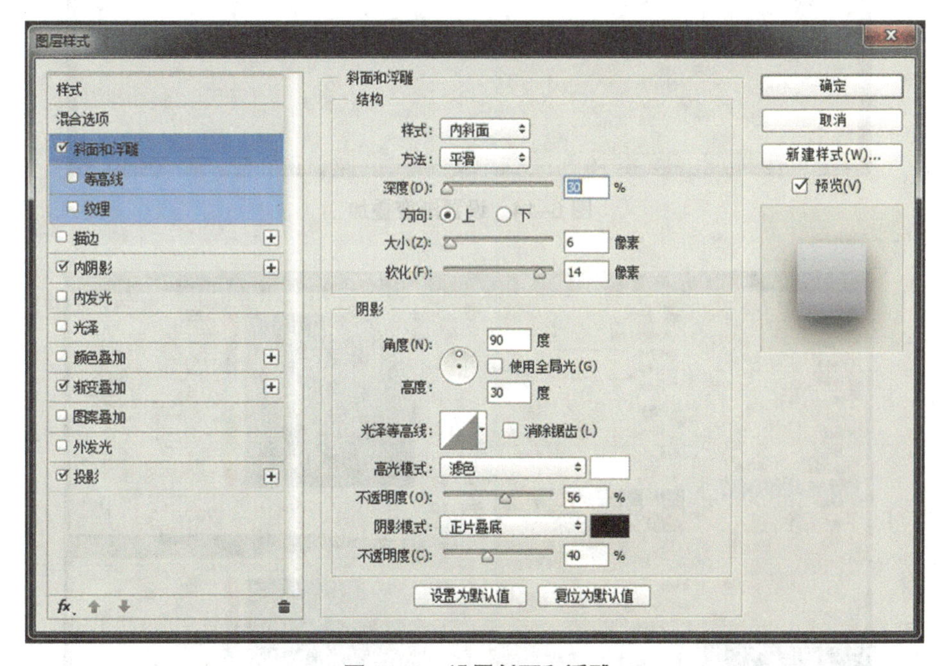

图 6–12 设置斜面和浮雕

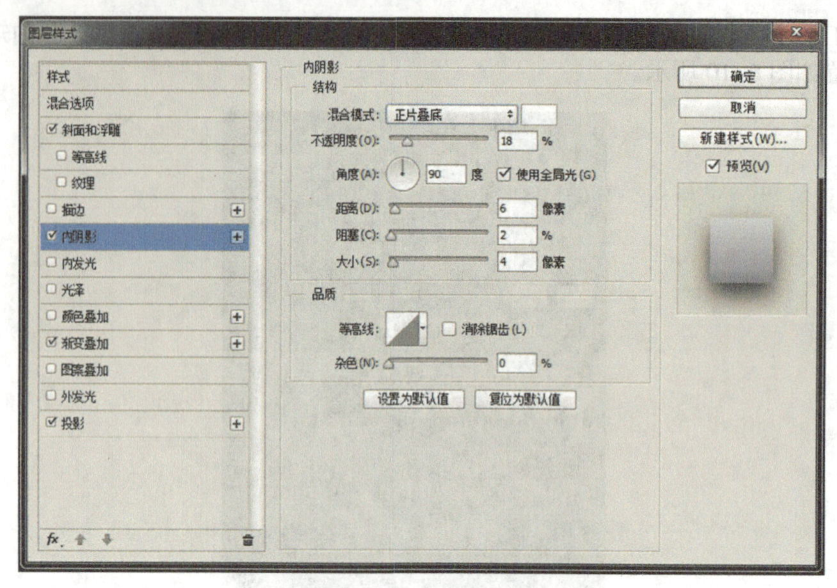

图 6-13 设置内阴影

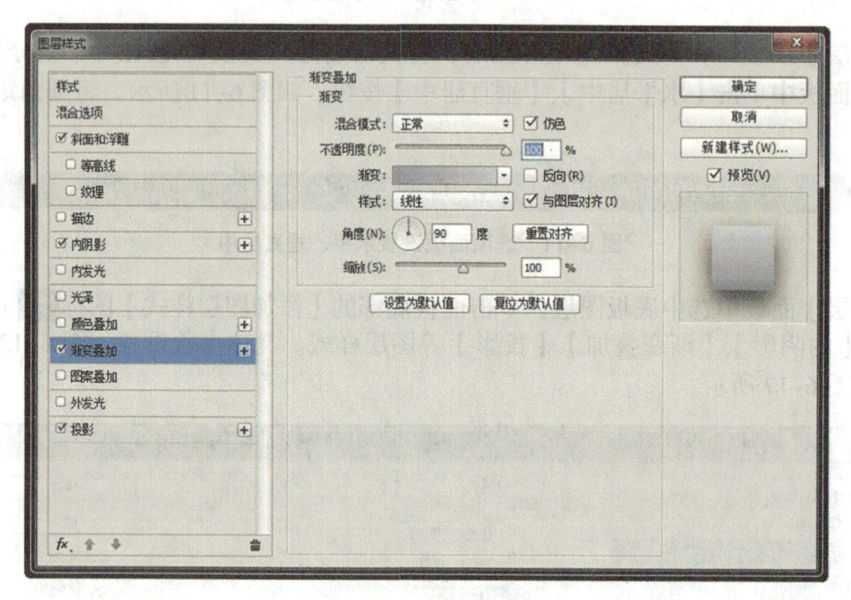

图 6-14 设置渐变叠加

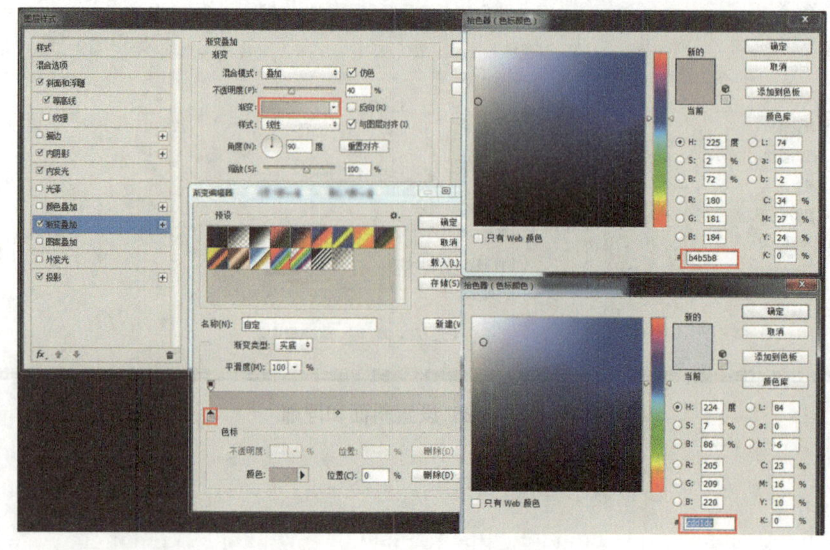

图 6-15 渐变叠加色彩设置

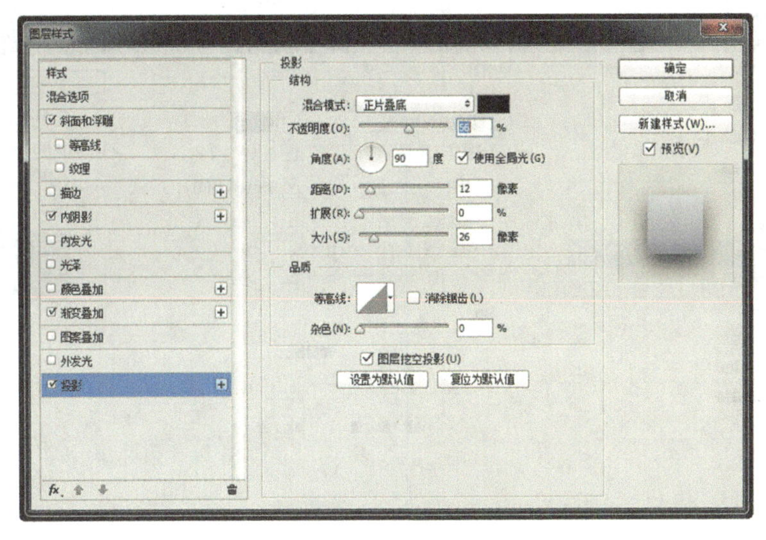

图 6–16　设置投影

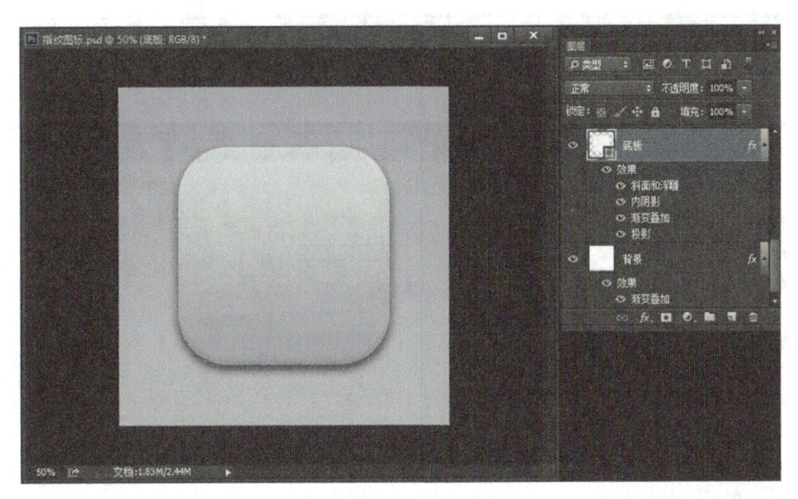

图 6–17　图标底板效果

（8）单击【工具】面板中的【椭圆工具】，创建一个 440×440 像素的正圆，并将图层命名为“外圆”，然后在【选项】面板中单击【水平居中】、【垂直居中】按钮，将正圆与背景图层居中对齐。然后分别添加【斜面和浮雕】、【内阴影】、【渐变叠加】等图层样式，具体参数设置如图 6–18 至图 6–21 所示。外圆效果如图 6–22 所示。

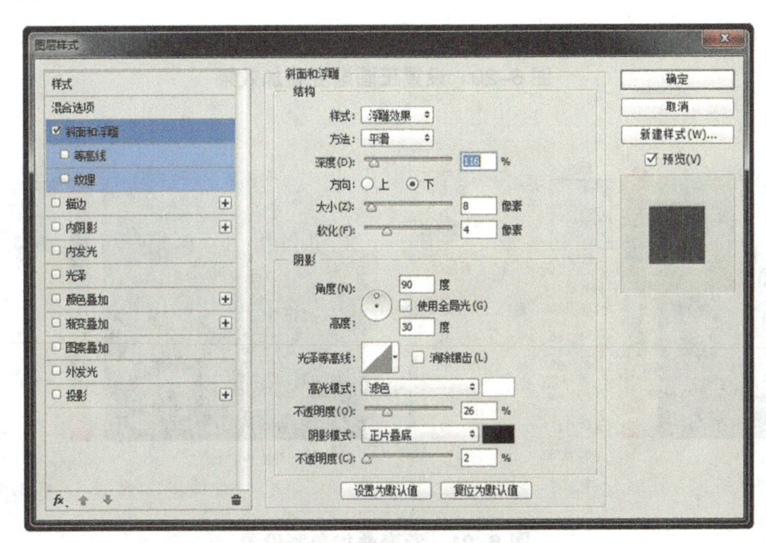

图 6–18　设置正圆斜面和浮雕效果

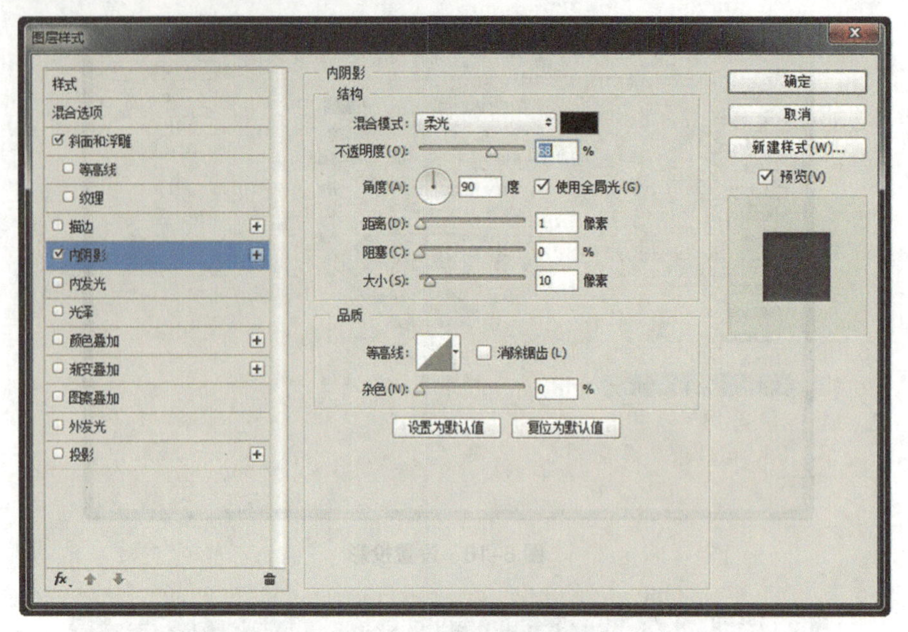

图 6-19 设置正圆内阴影效果

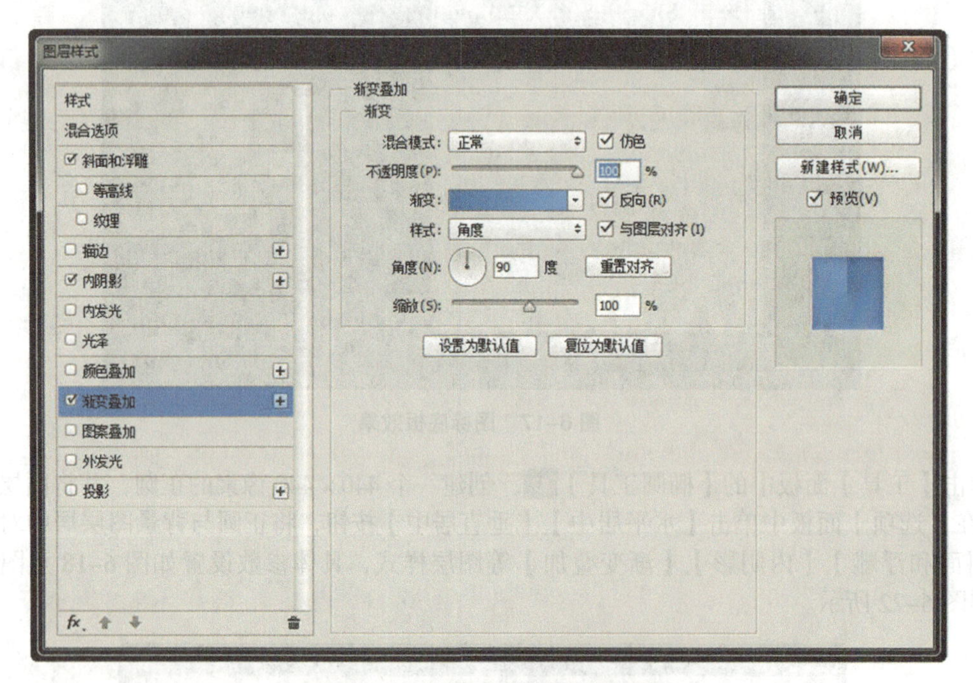

图 6-20 设置正圆渐变叠加效果

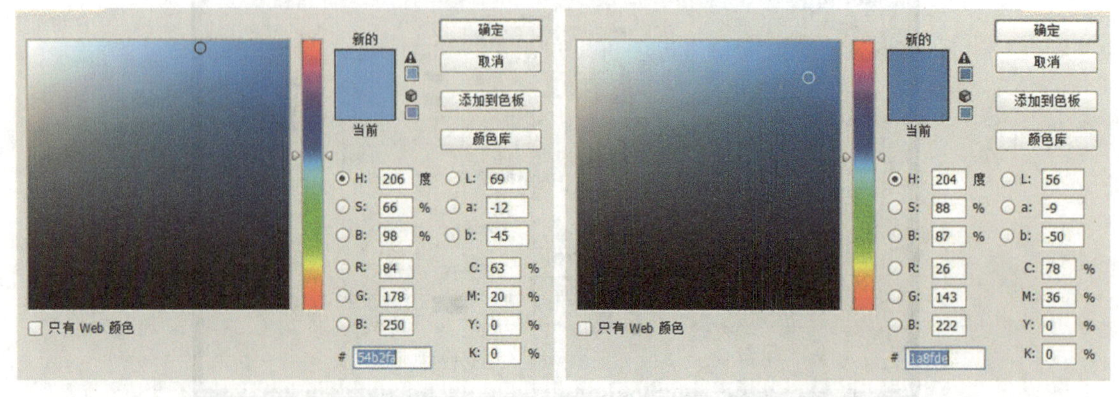

图 6-21 渐变叠加色彩设置

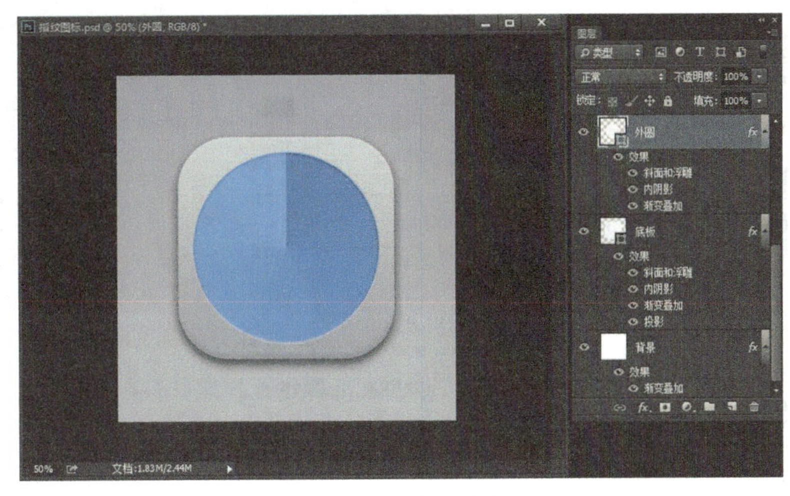

图 6–22 外圆效果

（9）单击【工具】面板中的【椭圆工具】，创建一个 410×410 像素的正圆，并将图层命名为“内圆”，在【选项】面板中单击【水平居中】、【垂直居中】按钮，将正圆与背景图层居中对齐。然后分别添加【斜面和浮雕】、【等高线】、【内阴影】、【内发光】、【渐变叠加】、【投影】等图层样式，具体参数设置如图 6–23 至图 6–25 所示，内圆效果如图 6–26 所示。

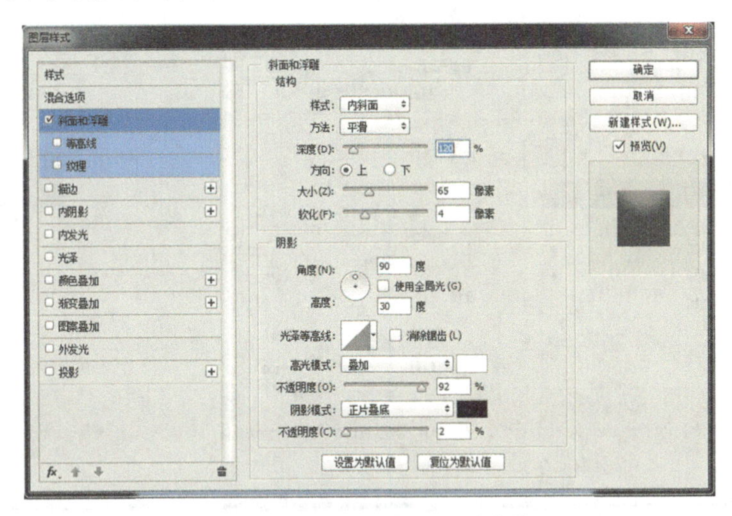

图 6–23 设置内圆斜面和浮雕效果

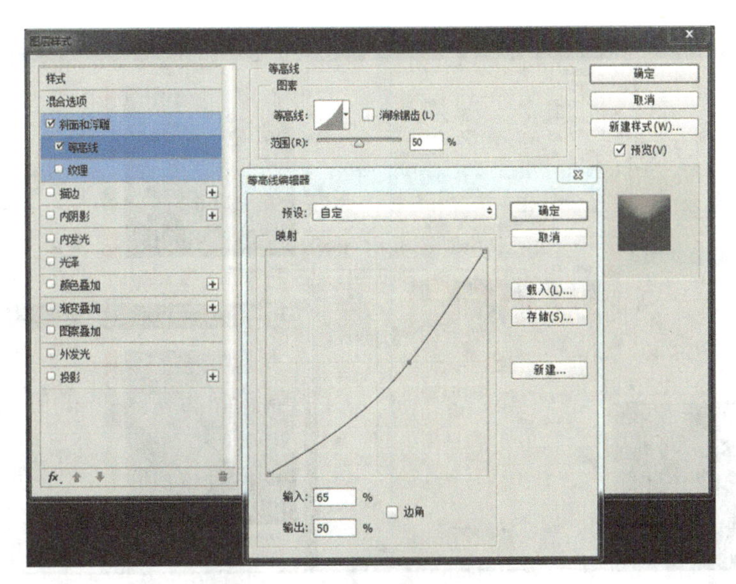

图 6–24 设置内圆等高线效果

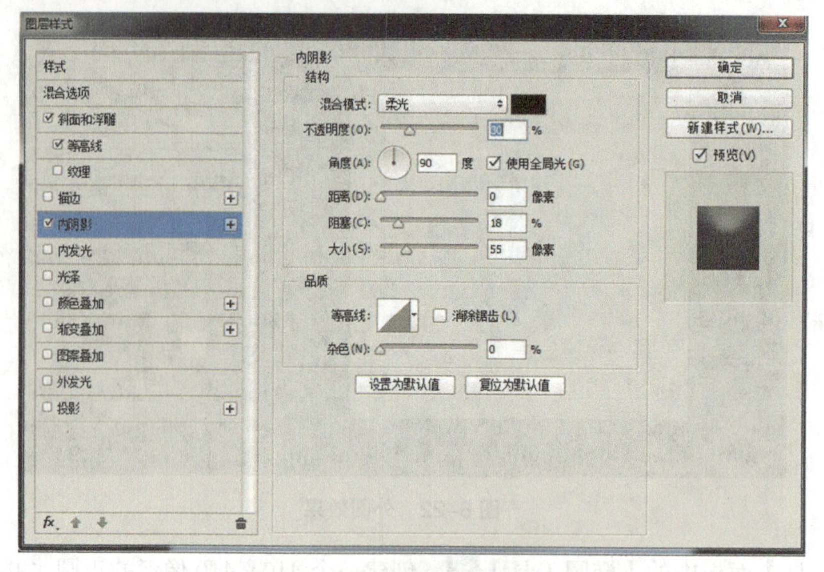

图 6–25　设置内圆内阴影效果

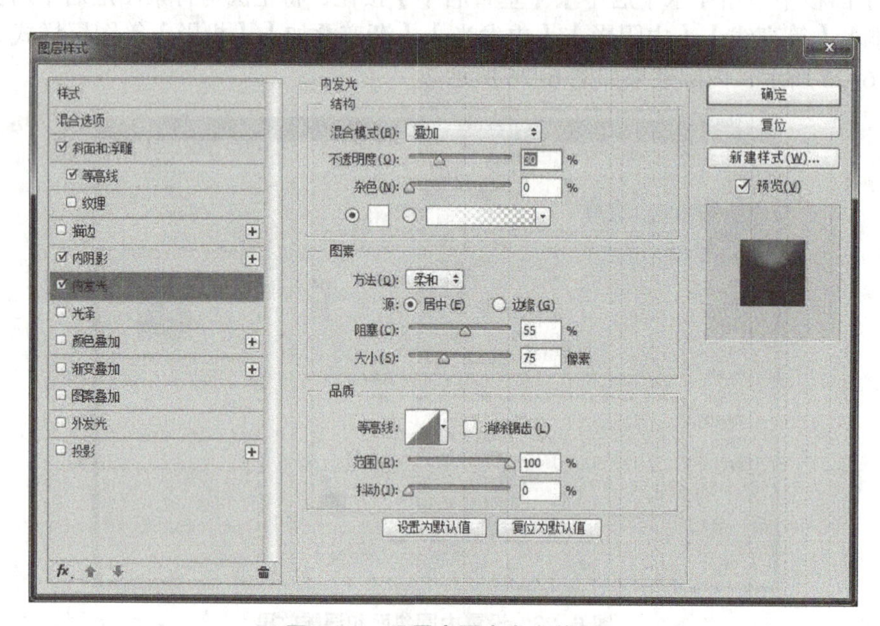

图 6–26　设置内圆内发光效果

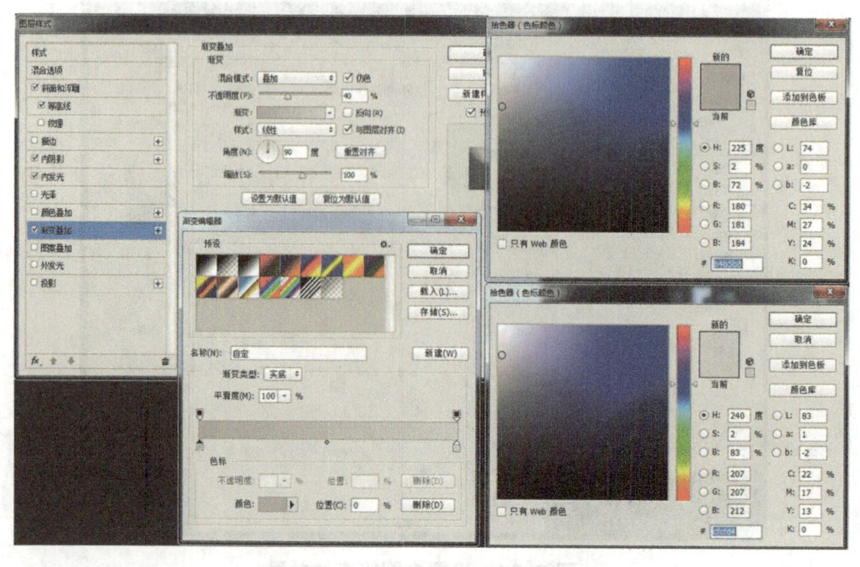

图 6–27　设置内圆渐变叠加效果

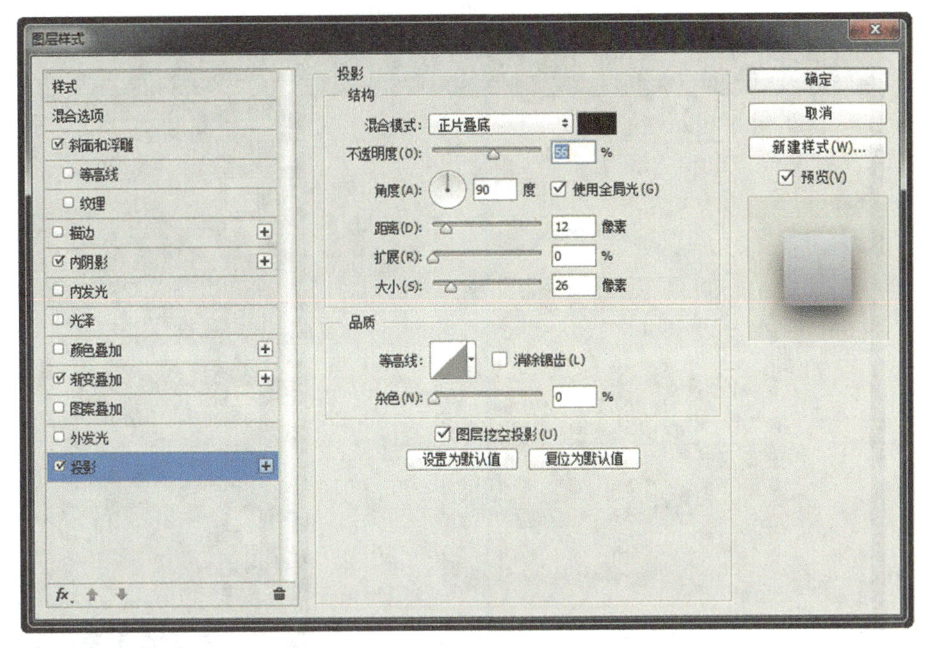

图 6-28 设置内圆投影效果

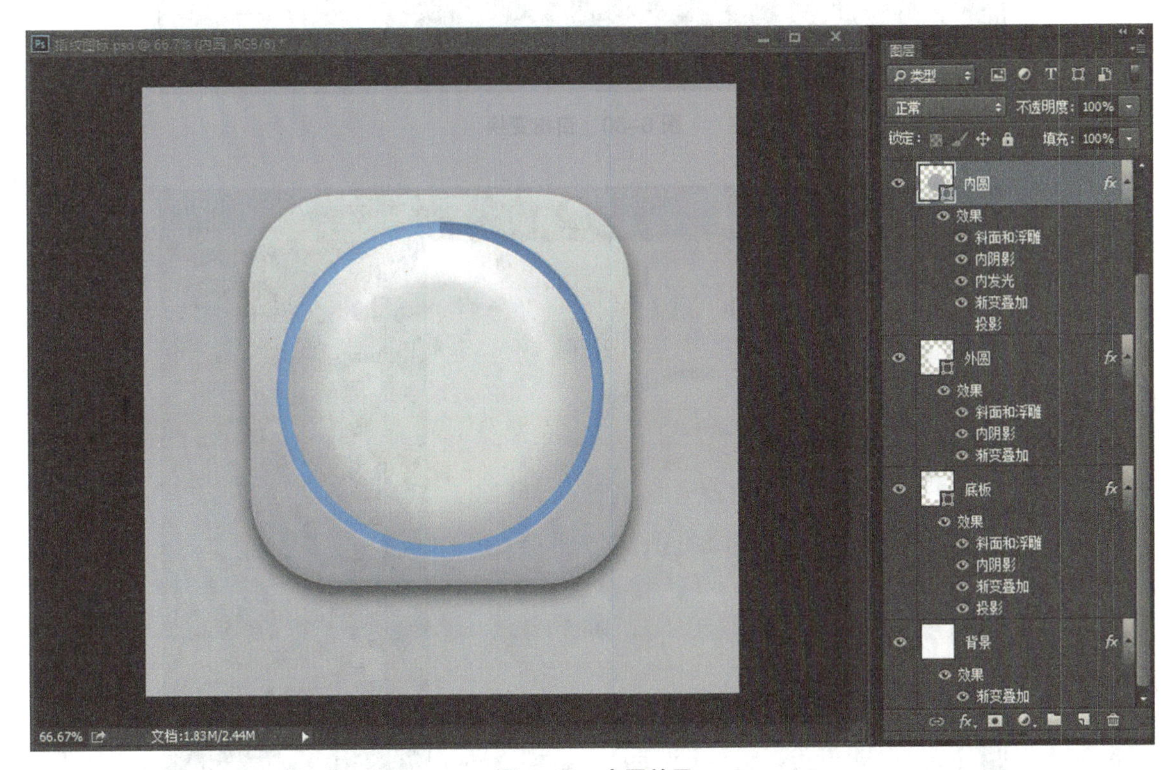

图 6-29 内圆效果

（10）指纹添加。执行【文件】|【打开】命令，打开数字资源中的素材文件“指纹.png”，使用【工具】面板中的【移动工具】，将其移动到“指纹图标”文件中，并将其图层命名为“指纹”。

（11）在【图层】面板中，单击“指纹”图层，按下 Ctrl+T 组合键，执行【自由变换】工具，将指纹调整到合适的大小，如图 6-30 所示。按住 Ctrl 键，分别单击指纹图层与背景图层，然后在【选项】面板中单击【水平居中】、【垂直居中】按钮，将指纹与背景图层居中对齐，效果如图 6-31 所示。

图 6-30 自由变换

图 6-31 居中对齐

（12）在【图层】面板中，单击指纹，然后单击面板底部的【添加图层样式】图标 fx，弹出图层样式对话框，给指纹分别添加【内阴影】、【渐变叠加】、【外发光】三个图层样式。具体参数如图 6-32 至图 6-34 所示，完成指纹图标最终效果，如图 6-35 所示。

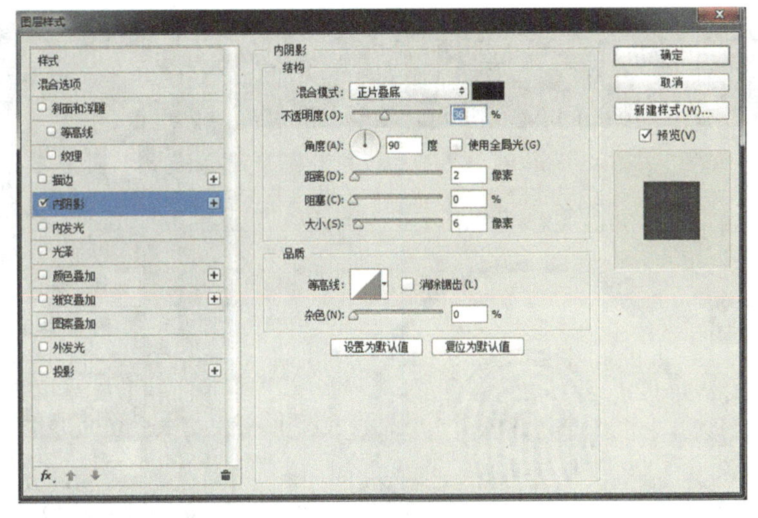

图 6-32　给指纹添加内阴影

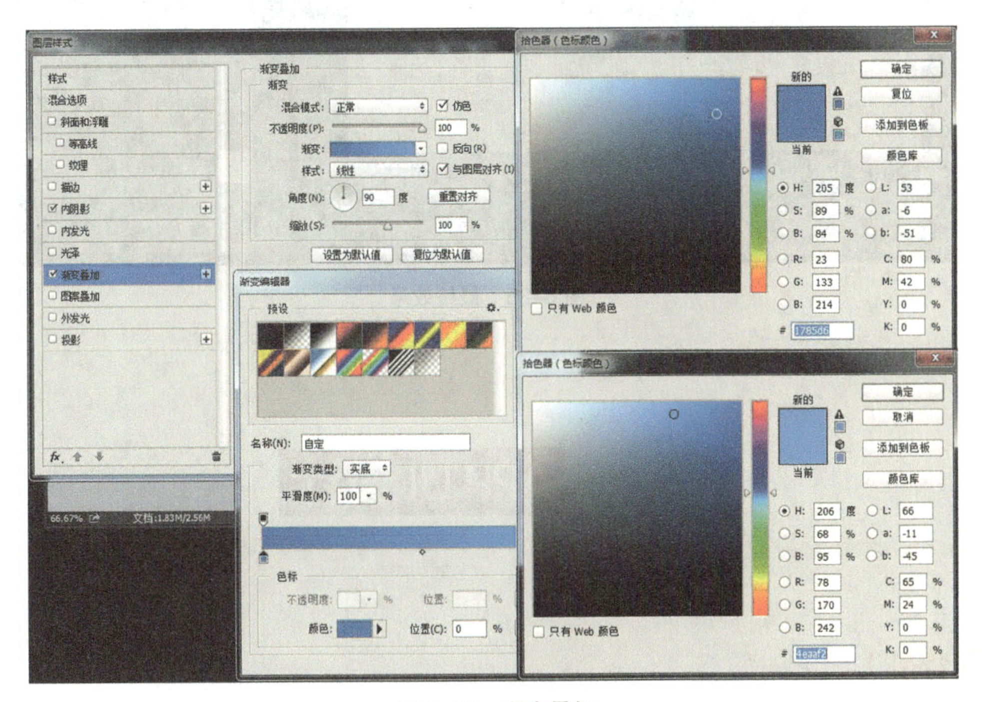

图 6-33　渐变叠加

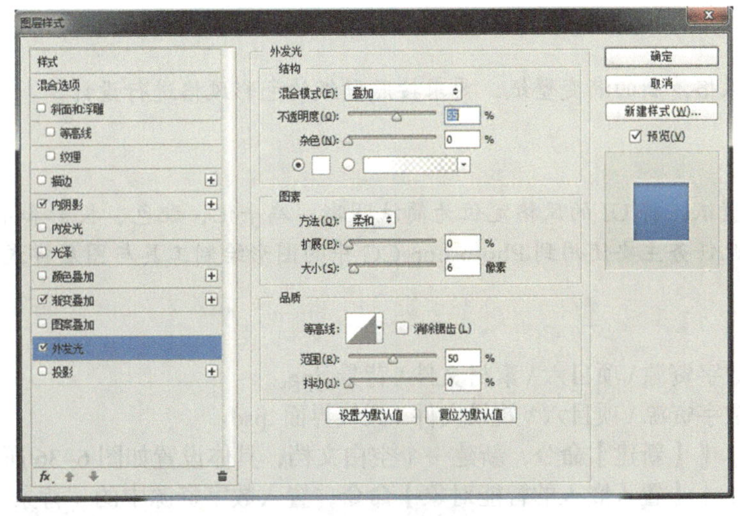

图 6-34　外发光

图 6-35　最终效果

6.4　APP UI 设计

【任务背景】

为某款天气 APP 设计一套 UI 提案。

【任务要求】

任务提供了一张风格清新的渐变壁纸，要求按照壁纸的色彩风格进行设计。

【任务分析】

根据任务提供的壁纸，将 UI 的风格定位为简洁明晰、扁平化，配色、投影和半透明是贯穿全局的元素。在设计执行中，此任务主要使用到 Photoshop CC 中的图形绘制工具与图层样式效果。

【任务实施】

素材文件地址：数字资源 \ 项目六 \ 素材文件 \ 背景 .jpg。

效果文件地址：数字资源 \ 项目六 \ 效果文件 \ 天气界面 .psd。

（1）执行【文件】|【新建】命令，新建一个空白文档，具体设置如图 6-36 所示。

（2）执行【文件】|【置入嵌入的智能对象】命令，置入数字资源中的“背景 .jpg”素材，适当调整其位置和大小，如图 6-37 所示。

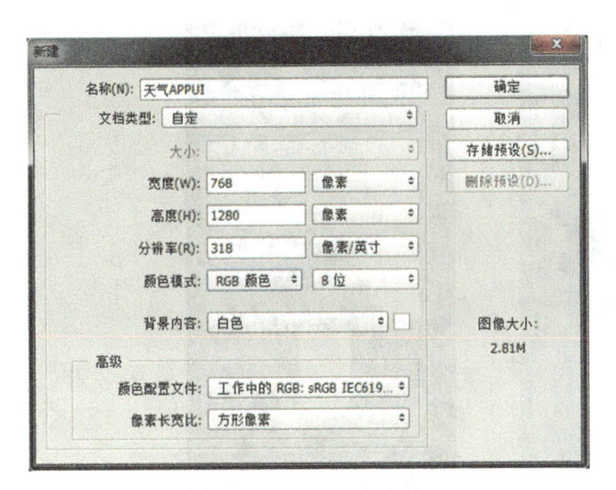

图 6–36 新建空白文档

图 6–37 置入背景素材

（3）执行【图层】|【新建调整图层】|【亮度 / 对比度】命令，在弹出的【属性】面板中设置参数值，得到图像效果如图 6–38 所示。

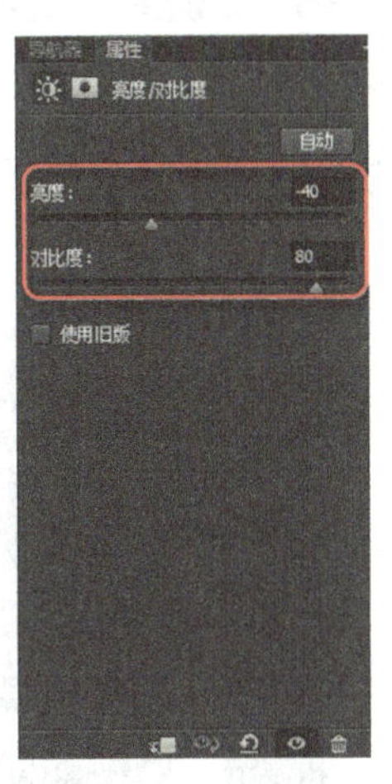

图 6–38 添加亮度 / 对比度

（4）使用【矩形工具】创建一个“填充”为白色的矩形，设置该图层“填充”为 10%。

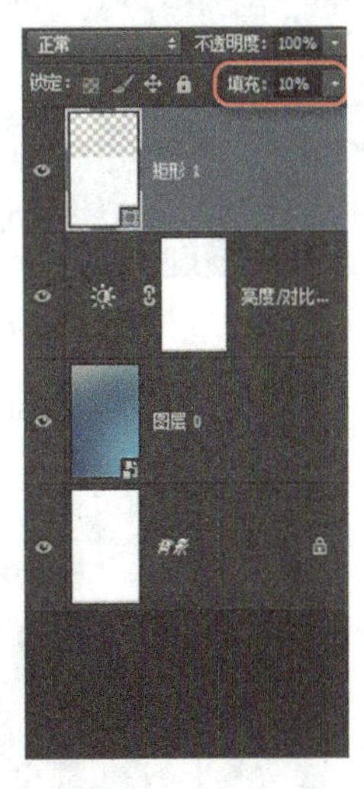

图 6–39 图层填充 10%

（5）使用【矩形工具】创建一个“填充”为白色的矩形，设置该图层“填充”为 30%，如图 6–40 所示。

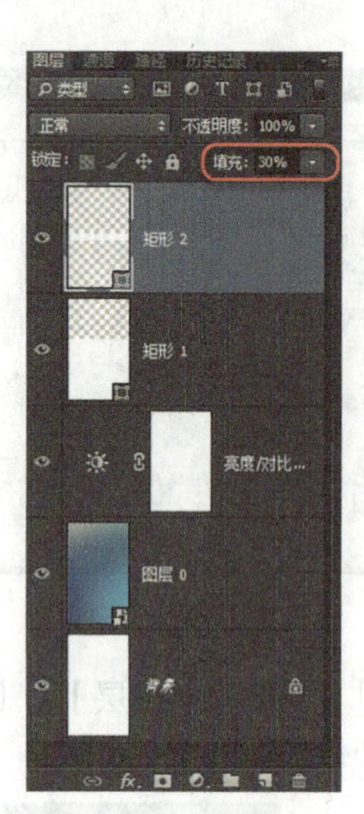

图 6–40　图层填充 30%

（6）使用相同方法完成相似内容的制作。选中全部的图标，执行【图层】|【编组】命令进行编组，重命名为“背景”，如图 6–41 所示。

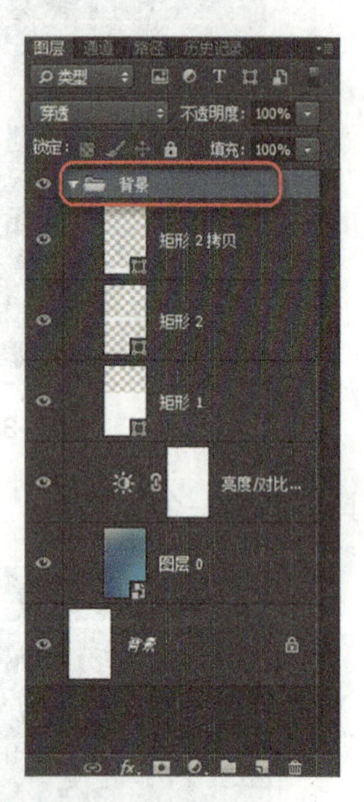

图 6–41　整理图层

（7）使用【矩形工具】创建一个“填充”为白色的矩形，如图 6–42 所示。

图 6–42　创建白色矩形

（8）在属性栏中设置“路径操作”为“合并形状”继续绘制形状，如图 6–43 所示。

图 6–43　合并形状绘制其他矩形

（9）在【字符】面板中设置字符属性，使用【横排文字工具】输入相应的文字，如图 6–44 所示。
（10）使用【椭圆工具】创建一个“填充”为白色的正圆，如图 6–45 所示。
（11）使用【转换点工具】单击正圆下方的锚点，使用【直接选择工具】调整锚点位置，如图 6–46 所示。
（12）使用【椭圆工具】设置“路径操作”为“减去顶层形状”，继续绘制形状，如图 6–47 所示。

图 6–44　输入文字

图 6–45　创建圆形

图 6–46　调整锚点

图 6–47　减去顶层形状继续绘制圆形

（13）在【字符】面板中设置字符属性，使用“横排文字工具”输入相应的文字，如图 6–48 所示。

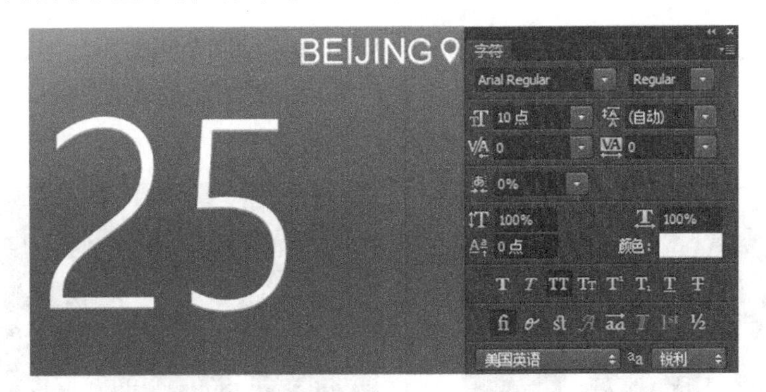

图 6–48　输入文字

（14）双击该图层缩览图，弹出【图层样式】对话框，选择【投影】选项设置相应参数值，如图 6–49 所示。设置完成后单击【确定】按钮，得到文字的投影效果，如图 6–50 所示。

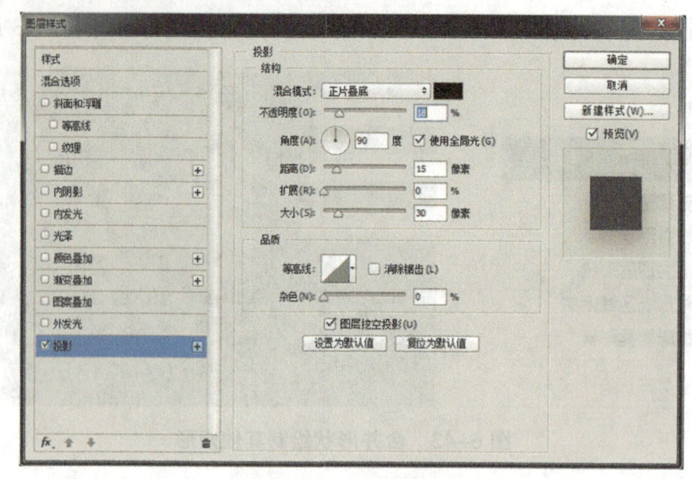

图 6-49　添加投影

（15）使用相同方法完成相似内容的制作，如图 6-51 所示。

（16）使用【椭圆工具】创建一个“描边”为白色的正圆，如图 6-52 所示。

图 6-50　添加投影效果

图 6-51　文字及其他符号效果

图 6-52　创建正圆

（17）使用【圆柱矩形工具】创建一个“半径”为 20 像素的圆角矩形，如图 6-53 所示。

（18）按 Ctrl+T 键，然后按 Alt 键单击圆环中心，将其设置为新的变换中心，并将该形状旋转 45°，如图 6-53 所示。

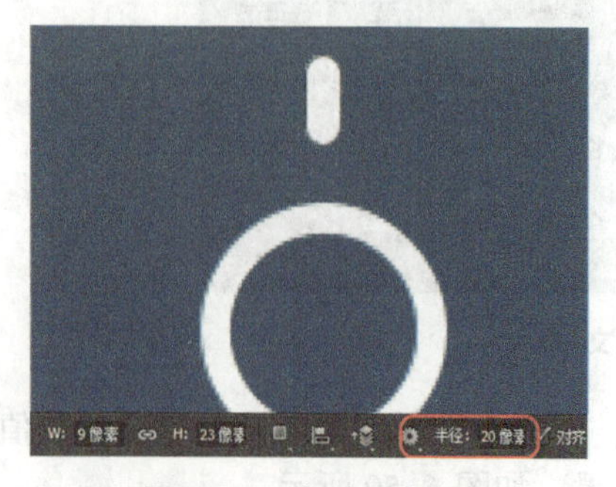

图 6-53　创建圆角矩形

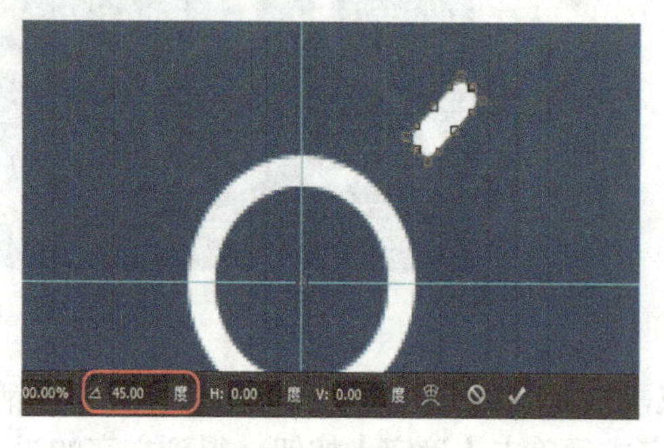

图 6-54　旋转矩形

（19）按 Enter 键确认变形，多次按快捷键 Ctrl+Shift+Alt+T，得到一整圈形状，如图 6–55 所示。

（20）使用【椭圆工具】，以“合并形状”模式绘制云朵，如图 6–56 所示。

图 6–55　旋转复制矩形

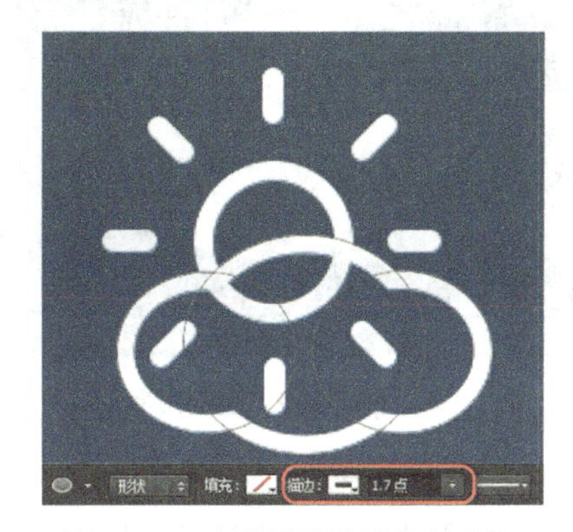

图 6–56　合并形状继续绘制云朵

（21）分别为“椭圆 3”和“太阳”添加蒙版，使用黑色笔刷适当涂抹形状，如图 6–57 所示。

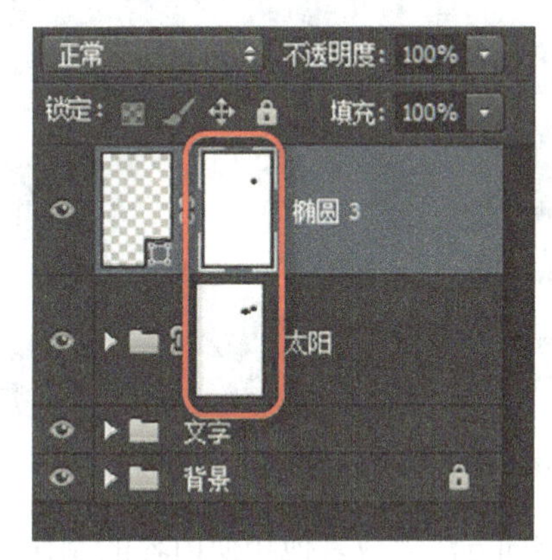

图 6–57　添加蒙版涂抹云朵形状

（22）分别选中不同的图层，执行【图层】|【编组】命令进行编组，对其进行重命名。按下 Alt 键将句号图层的图标拖动复制到“天气图标”图层组，得到图标的投影效果，如图 6–58 所示。

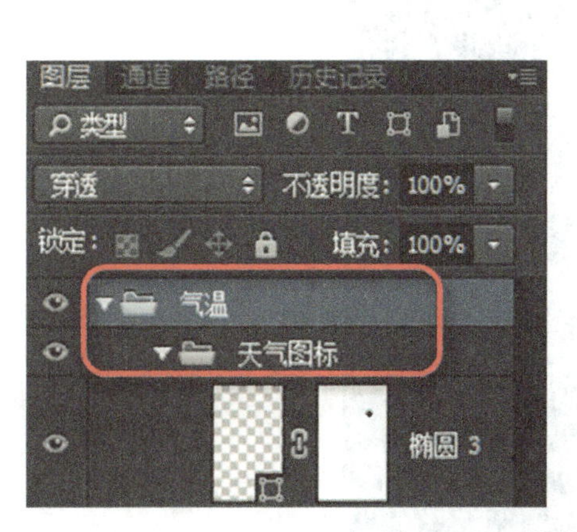

图 6–58　图层编组并复制图层样式

（23）使用【钢笔工具】创建一个“填充”为白色的形状，如图 6–59 所示。

（24）使用【椭圆工具】，设置“路径操作”为“减去顶层形状”，继续绘制形状，如图 6–60 所示。

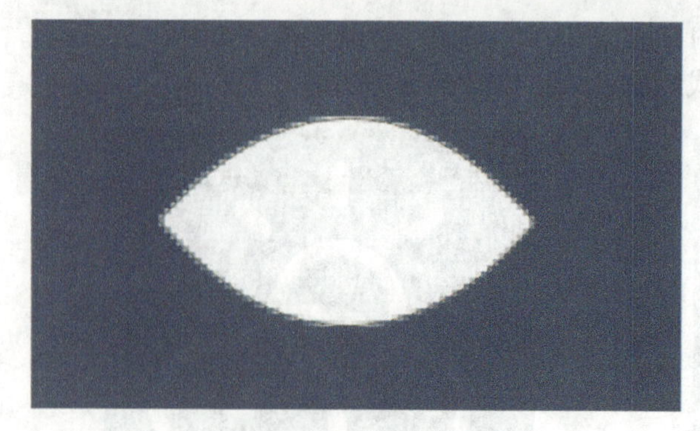

图 6-59　绘制形状

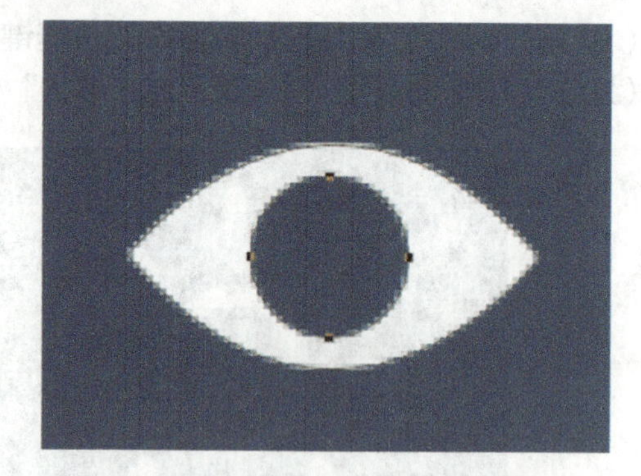

图 6-60　减去顶层形状继续绘制圆形

（25）设置“路径操作”为“合并形状”，继续绘制形状，如图 6-61 所示。

（26）在【字符】面板中设置字符属性，使用“横版文字工具”输入文字，如图 6-62 所示。

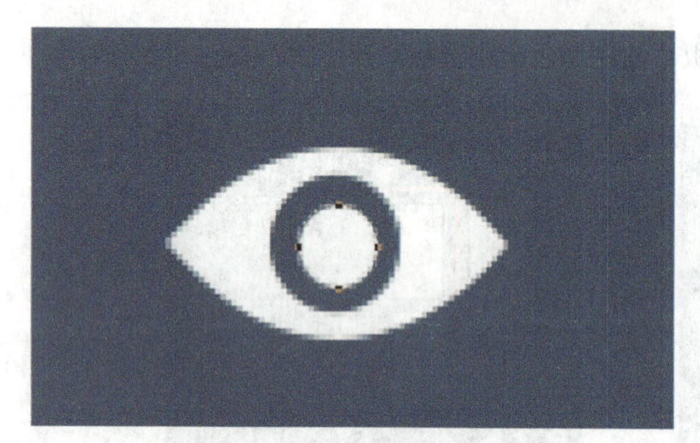

图 6-61　合并形状继续绘制圆形

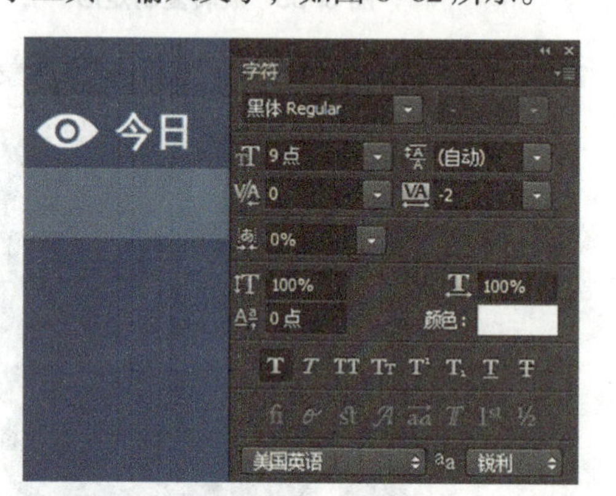

图 6-62　输入文字

（27）使用相同方法完成其他相似内容的制作，如图 6-63 所示。

图 6-63　完成其他内容的输入

（28）使用【椭圆工具】创建一个白色正圆，设置该图层“不透明度”为 30%，如图 6-64 所示。

图 6-64　绘制正圆

（29）双击该图层缩览图，弹出【图层样式】对话框，选择【投影】选项设置参数值，如图 6-65 所示。

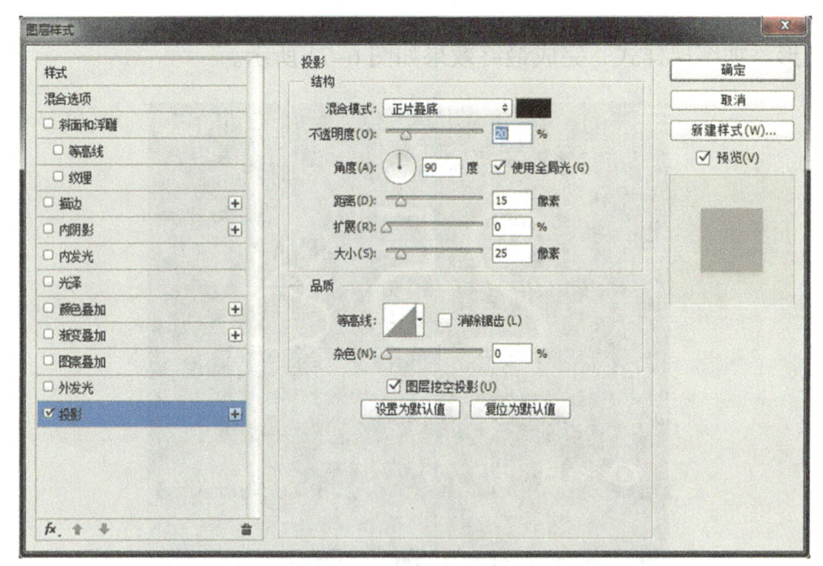

图 6-65　添加图层样式

（30）设置完成后单击【确定】按钮，得到该形状的效果，如图 6-66 所示。
（31）使用【椭圆工具】创建一个“填充”为白色的正圆，如图 6-67 所示。

图 6-66　添加投影效果

图 6-67　创建白色正圆

（32）执行文【文件】|【置入嵌入的智能对象】命令，置入数字资源中的“角色 1.jpg”文件，按快捷键 Ctrl+Alt+G 创建剪贴蒙版，适当调整大小，如图 6-68 所示。
（33）使用相同方法完成相似内容的制作，如图 6-69 所示。

图 6-68　置入外部素材

图 6-69　完成相似内容

（34）使用【圆角矩形工具】创建一个“半径”为 6 像素的白色圆角矩形，设置该图层“不透明度”为 75%。使用【钢笔工具】，设置“路径操作”为“合并形状”，继续绘制形状，如图 6-70 所示。

图 6-70　创建圆角矩形

（35）为圆角矩形添加图层样式，完成最终效果如图 6-71 所示。

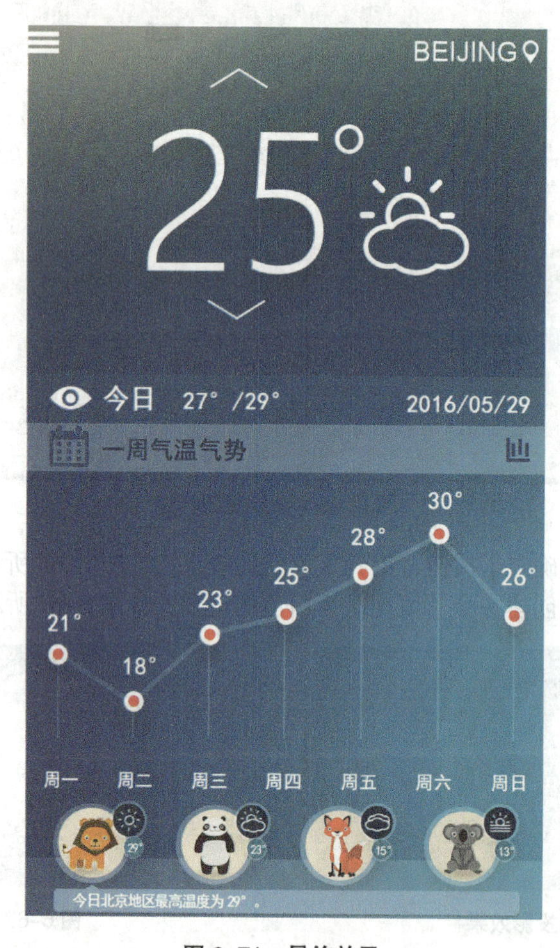

图 6-71　最终效果

【小结】

本项目主要讲授 APP 图标设计与界面设计的方法与技巧，读者熟练掌握两个案例中讲授的知识后能够独立地运用 Photoshop CC 进行 APP UI 设计。

项目七　建筑效果图后期处理

内容摘要

三维效果图大量应用于室内外装饰设计中，效果图虽然由3ds Max三维软件生成，但是在三维软件的操作中对于复杂物体的添加及渲染会耗费大量的时间，并且整体光照及色彩调整非常复杂，而Photoshop CC可以通过合成及通道选区的方法非常便利地对三维效果图进行物体添加和色彩、亮度等方面的后期修改及编辑。建筑效果图后期处理这一项目中主要介绍了建筑效果图后期处理的流程，包括图像的色彩处理、多图层元素的合成、图层蒙版及色彩通道的应用等。

项目学习目标

知识目标：

1. 了解 Photoshop CC 中与建筑效果图后期处理相关的基础功能，如图层、选择工具、色彩调整和光影处理。

2. 理解 Photoshop 中的建筑效果图后期处理工具与技术，如图层混合模式、色彩平衡、阴影和高光调整等。

3. 理解建筑和室内效果图后期处理的基本原则与方法，掌握色彩优化、细节增强和环境合成技术。

能力目标：

1. 能使用 Photoshop CC 工具对建筑和室内效果图进行基础处理，如光影调整、色彩增强、细节修复等。

2. 能利用 Photoshop CC 的高级功能进行建筑效果图和室内效果图的后期优化，提升图像的视觉表现。

3. 能综合运用 Photoshop 的工具与技术，优化建筑效果图的色彩、光影、结构等，增强效果图的真实感和艺术性。

素养目标：

1. 培养创意思维和艺术表现能力，通过 Photoshop 后期处理提升建筑效果图和室内效果图的视觉冲击力。

2. 培养对细节的敏感度，提升艺术观察力，注重作品的每个细节处理。

3. 树立严谨的工作态度，尊重设计创作的原则与标准，提升职业素养和对高质量成果的追求。

7.1 建筑效果图后期处理思路及配色方法

1. 建筑效果图后期处理思路

在建筑场景效果图表现中，原始图像需要在 3ds Max 三维软件中渲染完成。但是由于三维软件对于电脑配置要求较高，复杂场景会严重影响操作的流畅程度并延长渲染输出所耗费的时间。所以一般为了提高工作效率，经常通过 Photoshop CC 软件对三维效果图进行润色和调整。Photoshop CC 软件可以非常便捷地调整画面元素以及画面效果，例如，可以通过合成素材图层为原始图像添加行人、车辆等画面元素。

2. 建筑效果图后期处理配色方法

夜景建筑效果图比日景更能反映建筑的光影效果，画面变化更为复杂。对于色彩的选择更加灵活。在效果图的后期修改中，我们应该更注重建筑主体的色彩关系，力图更好的表现建筑玻璃的光影效果。这种光影关系单纯通过 3ds Max 软件实现难度相对较大。除主体建筑之外，地面质感也不能只有单纯的路面贴图，还应该包含更多的灯光反射效果。天空部分虽然以暗色调为主，但也需要包含细节区分。

7.2 建筑效果图后期处理实战

【任务背景】

为商业街建筑群进行效果图表现。最终效果对比如图 7-1 所示。

（a）

（b）

图 7-1 最终效果对比

（a）处理前；（b）处理后

【任务要求】

反映商业街夜晚的繁华景色。画面中需要包含较多的人群效果及车辆动态，并完善场景中道路沿线的植物配景。

【任务分析】

商业街建筑夜景应该更加突出商业街建筑群的灯光效果表现，绚丽的光源效果才能营造丰富的夜景画面，体现街道的繁华。在后期处理中，将着重表现建筑玻璃以及街道场景的灯光效果。将 3ds Max 渲染得到的相对简单的图像通过通道以及图层合成方式逐步丰富画面细节。

【任务实施】

素材文件地址：数字资源 \ 项目七 \ 素材文件夹。

效果文件地址：数字资源 \ 项目七 \ 效果文件 \ 夜景街道 .psd。

具体步骤如下：

（1）首先在 Photoshop CC 中打开在 3ds Max 软件中渲染好的建筑效果图及建筑效果图的彩色通道。必须保证效果图与彩色通道的图像尺寸完全一致，如图 7–2 所示。

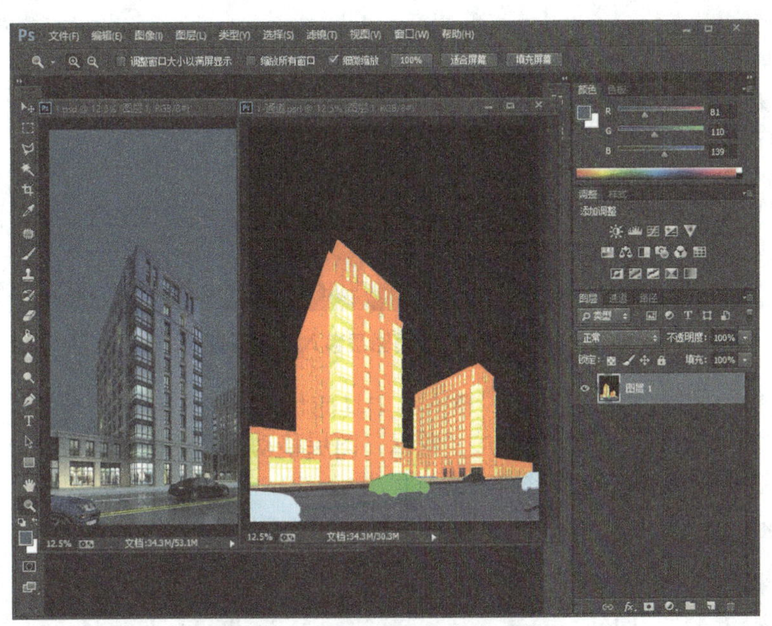

图 7–2　打开图像及对应的通道图

（2）单击【工具面板】中的【移动工具】，将彩色通道移入效果图中，注意图像位置需要对齐，如图 7–3 所示。

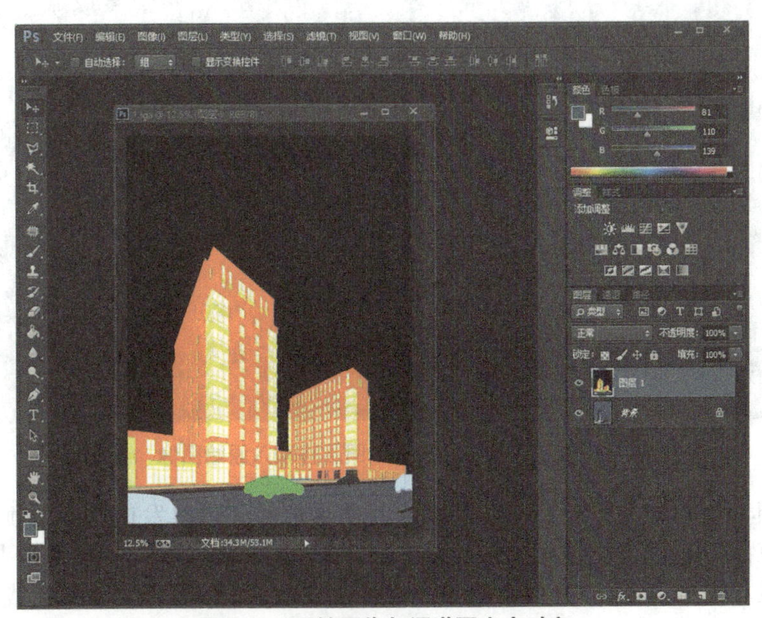

图 7–3　原始图像与通道图完全对齐

（3）将背景图层拖入【创建新图层】中进行复制，然后打开素材 psd 文件，选择“地面”图层，单击【工具面板】中的【移动工具】，将“地面”图层拖入建筑效果图中。注意：素材不可能完全与图像对齐，只需根据画面角度大致摆放即可，如图 7–4 所示。

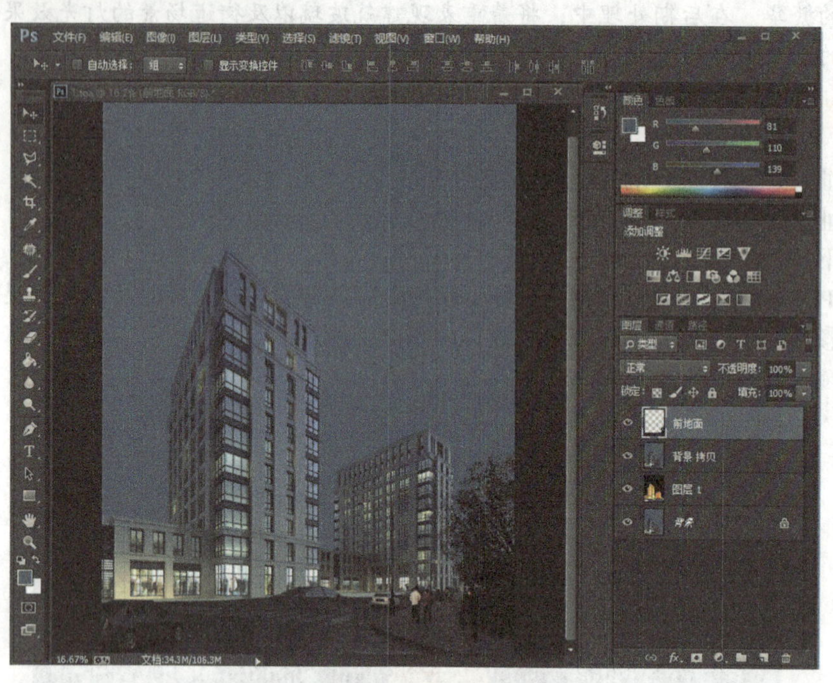

图 7–4 将地面图层移入原始图像

（4）继续选择植物、花坛等素材图层，单击【工具面板】中的【移动工具】，移入原始图像中。可以将“树”图层移到“地面”图层的下方，“花坛”图层移动到“地面”图层上方。这样可以更好地将地面图层与原始建筑图层进行衔接，如图 7–5 所示。

图 7–5 将植物及花坛图层移动入原始图像

（5）单击【工具面板】中的【缩放工具】，将图像放大，可以发现左侧车顶被“花坛及植物”图层挡住了。选择“植物及花坛”图层，在图层面板中添加【图层蒙版】，然后单击【工具面板】中的【画笔工具】，并继续单击【设置前景色 / 设置背景色】，选择【前景色】为黑色或者白色（白色效果为擦除，黑色为还原），将挡住车顶的部分进行擦除，如图 7–6 所示。

图 7-6　为花坛等图层建立图层蒙版，将多余部分擦除

（6）将“车灯光线”图层添加进原始图像，通过快捷键 Ctrl+T（【编辑】|【自由变换】命令）将车灯光线适当旋转，对齐马路。单击【工具面板】中的【缩放工具】，将图像放大，如果发现车灯光线挡住了右侧行人及路灯，可以用同样的方法为“车灯光线”图层在图层面板添加【图层蒙版】，然后单击【工具面板】中的【画笔工具】，选择黑色或白色将挡住行人及路灯的部分进行擦除，如图 7-7 所示。

图 7-7　为“车灯光线”图层建立图层蒙版，将多余部分擦除

（7）天空的制作。由于这张建筑效果图在 3ds Max 软件中渲染保存的格式为 Targa 格式图像，所以选择原始图层，在图层面板右侧的【通道】中，可以发现有一个【Alpha 1 通道】，在【Alpha 1 通道】位置按住 Ctrl 键同时单击鼠标左键，将建筑物选出，再在通道面板中选择 RGB 图层，最后单击图层面板，从通道图层中切换回来，如图 7-8 所示。

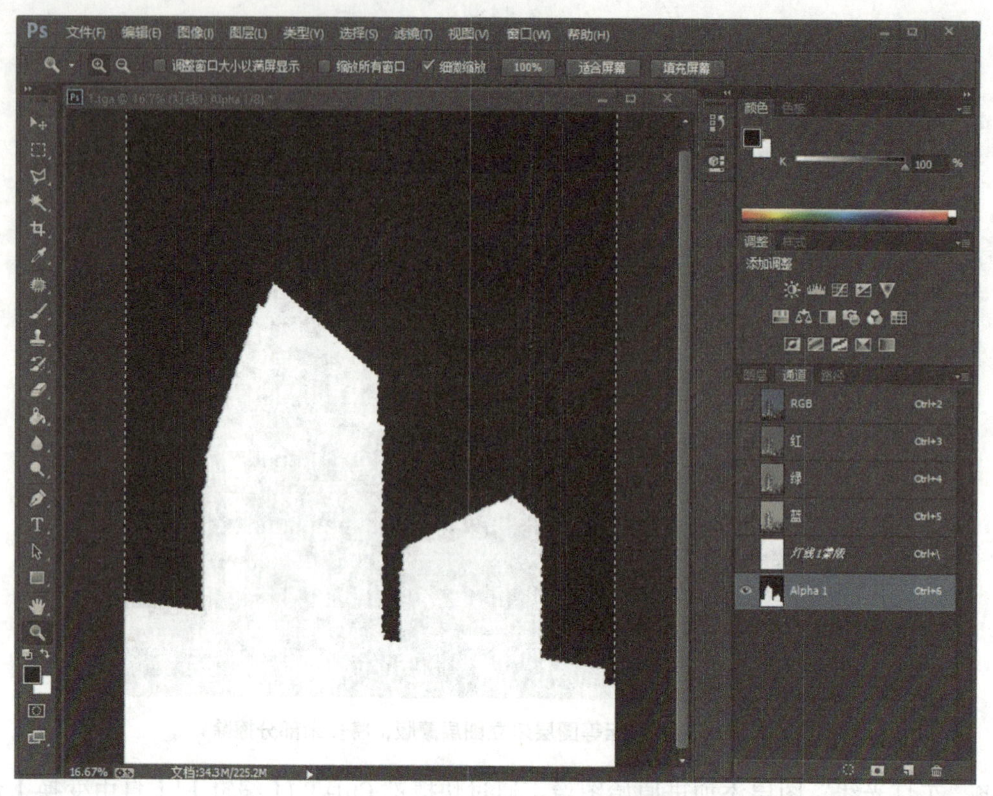

图 7-8 通过【Alpha 1 通道】选择建筑

继续天空的制作。选择背景拷贝层，保持之前通过【Alpha 1 通道】选择的选区，然后鼠标右键单击【通过剪切的图层】，将建筑与原始天空分离为 2 个图层，如图 7-9 所示。

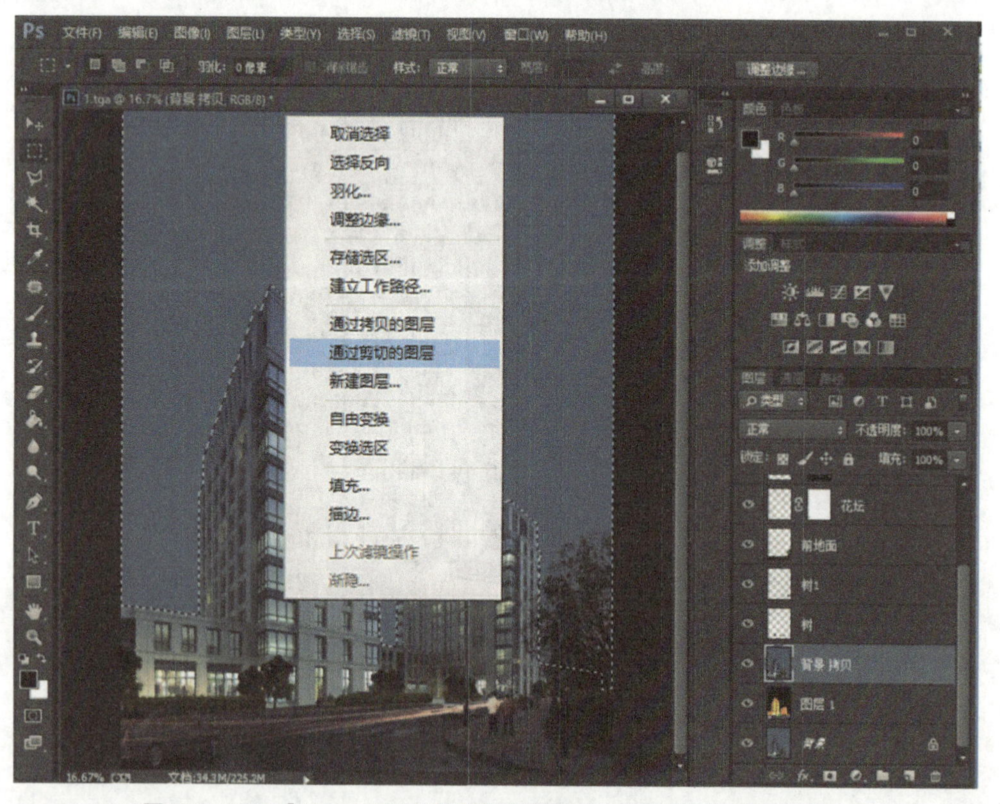

图 7-9 通过【Alpha 1 通道】将背景拷贝层分为建筑与天空两个部分

将建筑与天空进行分离后，打开天空素材图片，将其拖入建筑图像中，注意图层前后顺序，天空图层应在原始建筑图层下方，并且要取消原始天空图层的【指示图层可见性】，如图 7-10 所示。

图 7–10　更换天空背景

（8）为画面添加更多的行人、车辆效果，为路灯添加灯影。将行人与路灯灯影图层，拖入原始图层中，并为这些图层更改名称，由于行人图层较多，这样寻找及修改图层会更加方便，同时可以多尝试调节各图层的前后关系，如图 7–11 所示。

图 7–11　添加更多行人及车辆

（9）制作建筑窗户灯影。首先将“灯影”图层添加进原始图像中，注意选择灯影的【图层混合模式】为【滤色】滤色。如果为【正常】模式，灯影的亮度效果则是错误的，如图 7–12 所示。

建筑窗户灯影图片大小及数量与原始建筑图像位置关系相差很多。可以先将窗户灯影图层先通过快捷键 Ctrl+T（【编辑】|【自由变换】命令）适当调整下灯影的角度，使之尽量对齐窗口位置，然后再用鼠标单击“灯影”图层将其拖入【创建新图层】中进行 2~3 次复制。将复制的“灯影”图层通过快捷键 Ctrl+E 进行图层合并，如图 7–13 所示。

图 7-12　添加建筑窗户灯影

图 7-13　复制更多的“灯影”图层并调整其角度

如果将这些灯影完全对齐窗口会造成极大的工作量，这里可以考虑通过通道及图层蒙版来快速放置这些灯影。首先将通道图层移到“灯影”图层的上方，然后通过【选择】|【色彩范围】命令通过拾取窗口位置的白色，建立窗口选区，如图 7-14 所示。

将通道图的【指示通道可见性】关闭，选择“灯影”图层，保持之前选区的选取状态，单击添加【图层蒙版】。除了窗口内的灯影，剩余部分全部通过图层蒙版被隐藏起来。这种方法制作出的窗户显得更加通透且拥有更多细节，如图 7-15 所示。

（10）在原始图像最顶层图层，单击【创建新图层】，将【前景色】调整为黑色，然后通过快捷键 Alt+Del（填充前景色）填充一个黑色图层，用来压低地面亮度，如图 7-16 所示。

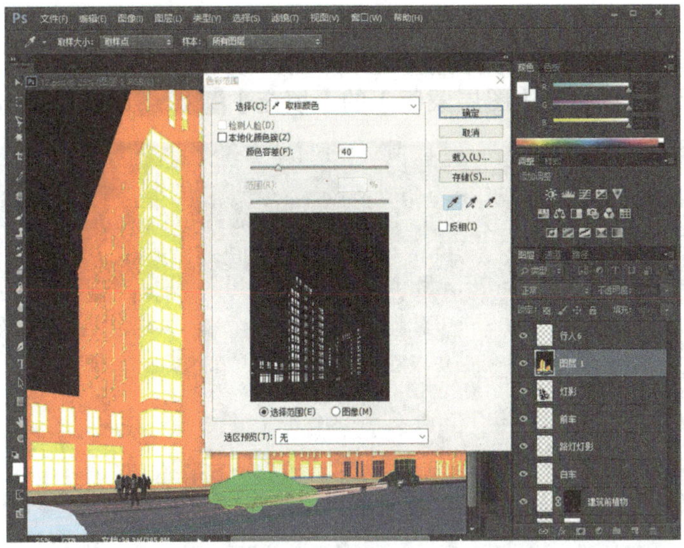

图 7-14 通过“通道”图层建立窗口选区

图 7-15 通过图层蒙版去除多余灯影

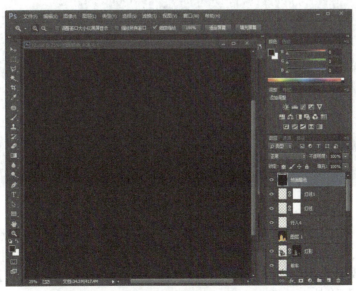

图 7-16 制作一个黑色图层用来压低地面亮度

①为地面暗色图层添加【图层蒙版】。然后将前景色调整为黑色，单击【工具面板】中的【渐变工具】在【图层蒙版】中，沿图像马路位置从上方往最下方按住 Shift 键进行直线拉伸，即可将地面亮度压低。如果亮度过低，可以再将【图层蒙版】的【填充】改低至 30%~40%，如图 7-17 所示。

图 7-17　通过图层蒙板配合渐变工具压低地面亮度

②添加“地面光影”图层，营造地面的反光效果。注意地面光影图片的【图层混合模式】为【颜色减淡】，如图 7-18 所示。

图 7-18　地面光影效果

③为“地面光影”图层添加【图层蒙版】。然后将【前景色】调整为黑色，单击【工具面板】中的【渐变工具】，在【图层蒙版】中，由图像马路位置从上方往最下方按住 Shift 键进行直线拉伸，即可将地面光影效果亮度压低，如果地面光影亮度过高，可以将【图层蒙版】的【填充】改低至 40%~50%，如图 7-19 所示。

图 7–19　通过渐变工具配合图层蒙板调节地面光影

（11）单击【创建新图层】建立一个新图层，再单击【工具面板】中的【画笔工具】，然后将【前景色】调整为褐色，画出大致如图 7–20 所示的褐色效果，用来制作一楼橱窗灯光效果。

图 7–20　通过画笔工具绘制橱窗灯光

单击【工具面板】中的【移动工具】将“一楼灯影”图层对齐一楼橱窗，修改图层顺序，注意橱窗光影在树图层的下方，将【图层混合模式】改为【颜色减淡】或者【滤色】，如图 7–21 所示。

图 7-21　通过画笔工具绘制橱窗灯光

通过上述步骤，我们基本完成了整张图像的元素合成。我们暂时可以通过对比，观察元素合成前后的区别。下一步我们将细致地调整各图层间的色彩以及亮度关系，如图 7-22 所示。

（1）将通道图层的【指示通道可见性】打开。然后通过（【选择】|【色彩范围】命令）拾取墙面位置的橙色，建立墙体选区，如图 7-23 所示。

图 7-22　画面元素合成前后对比

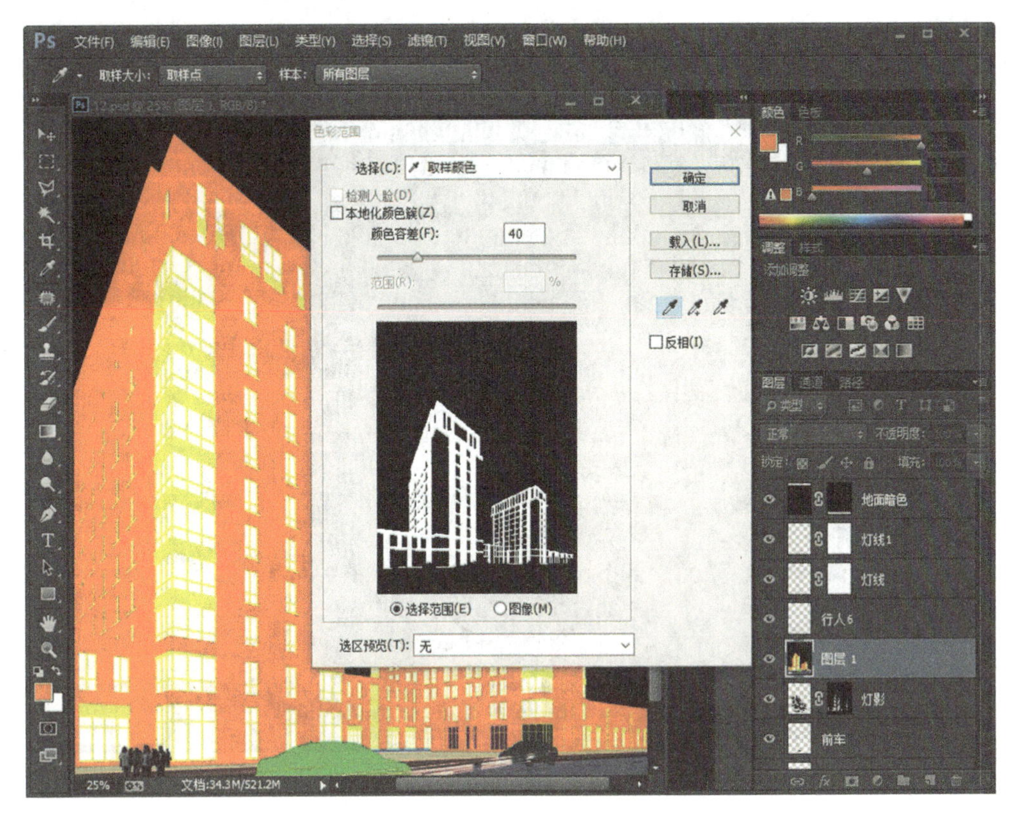

图 7–23　通过通道图层为墙面建立选区

（2）将通道图层的【指示通道可见性】█关闭。然后选择背景拷贝图层，如图 7–24 所示。

图 7–24　通过通道图层为墙面建立选区

（3）选择背景拷贝图层，在图层面板下方单击【创建新的填充或调整图层】█，添加【曲线】调整图层，如图 7–25 所示。

图 7–25　为墙面添加调整图层

（4）将墙面【曲线】调整图层中的曲线，调整为偏下方向，这样可以降低墙体的亮度，使之更符合夜景明暗关系，如图 7–26 所示。

（5）按住 Ctrl 键，单击调整图层中的【图层蒙版缩览图】，载入选区，如图 7–27 所示。

（6）用同样的方法，在图层面板下方单击【创建新的填充或调整图层】。添加【色彩平衡】调整图层，注意【色彩平衡】调整图层中【色调】选项中分为了【中间调】、【阴影】和【高光】3 个项目，如图 7–28 所示。

图 7–26　曲线调整图层

图 7-27　再次载入墙体选区

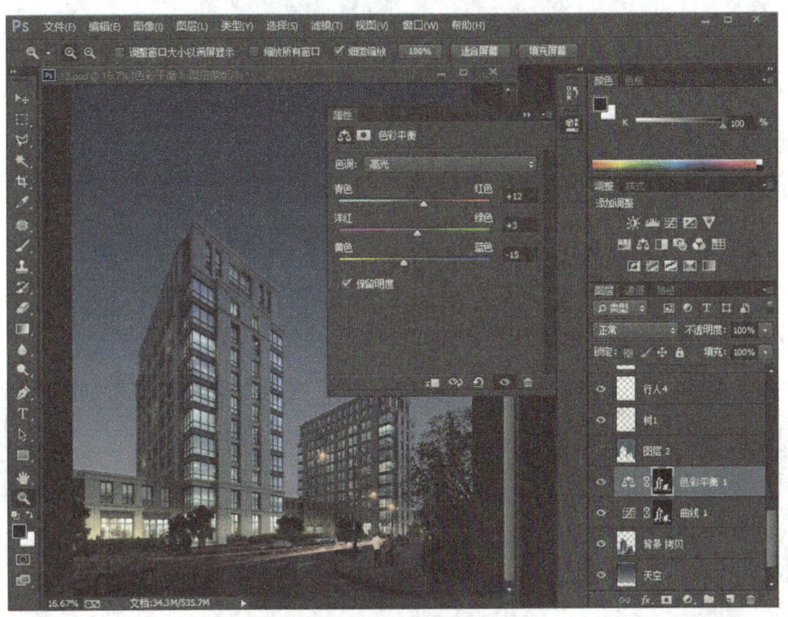

图 7-28　色彩平衡调整图层

（7）【中间调】、【阴影】和【高光】3 个项目的色彩调节参数也可以根据设计者自己的色彩感觉进行调整。具体色彩参数如图 7-29 所示。

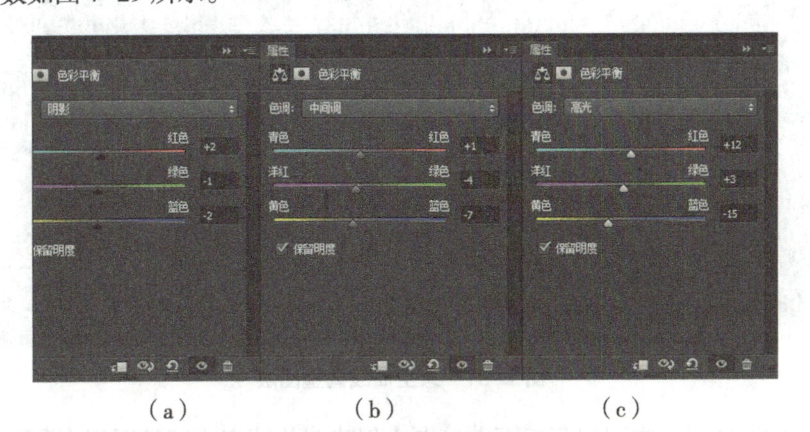

（a）　　　　（b）　　　　（c）

图 7-29　色彩调节参数

（a）阴影；（b）中间调；（c）高光

（8）用同样的方法，先建立墙体选区，然后在图层面板下方单击【创建新的填充或调整图层】，添加【色相 / 饱和度】调整图层。注意【色相 / 饱和度】调整图层中色彩中分为了多种色彩，可以根据需要选择不同色彩单独进行调节，如图 7–30 所示。

图 7–30　色相 / 饱和度调整图层

（9）选择“天空”图层，在图层面板下方单击【创建新的填充或调整图层】，添加【曲线】调整图层。将曲线调节为向下偏移的曲线效果，降低天空顶部的亮度，如图 7–31 所示。

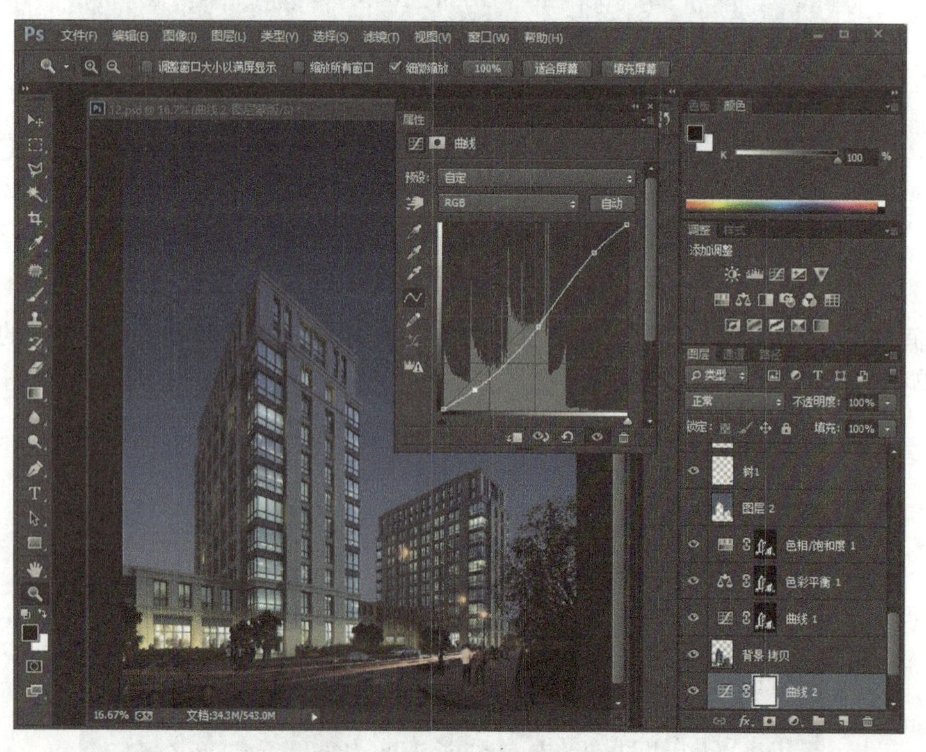

图 7–31　天空曲线调整图层

（10）选择“天空”图层，在图层面板下方单击【创建新的填充或调整图层】，添加【色彩平衡】调整图层。根据设计者自己的色彩感受，调节天空的整体色彩关系，如图 7–32 所示。

（11）画面整体色彩及亮度调整完毕后，单击【工具面板】中的【缩放工具】，将图像放大，细致的检查画面中是否存在图层前后关系错误。如果发现错误，可以选择相应的图层，然后选择与之对应的【图层蒙版】，并将【前景色】改为白色。通过【工具面板】中的【画笔工具】或者【橡皮擦工具】在蒙版中进行擦除即可，如图 7–33 所示。

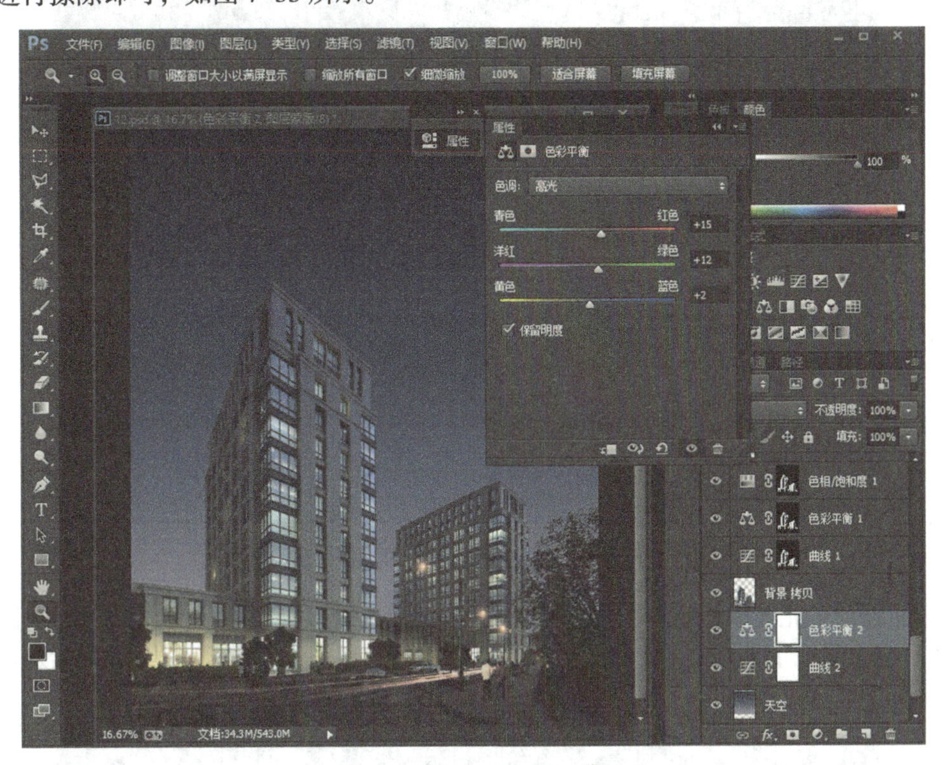

图 7–32　天空色彩平衡调整图层

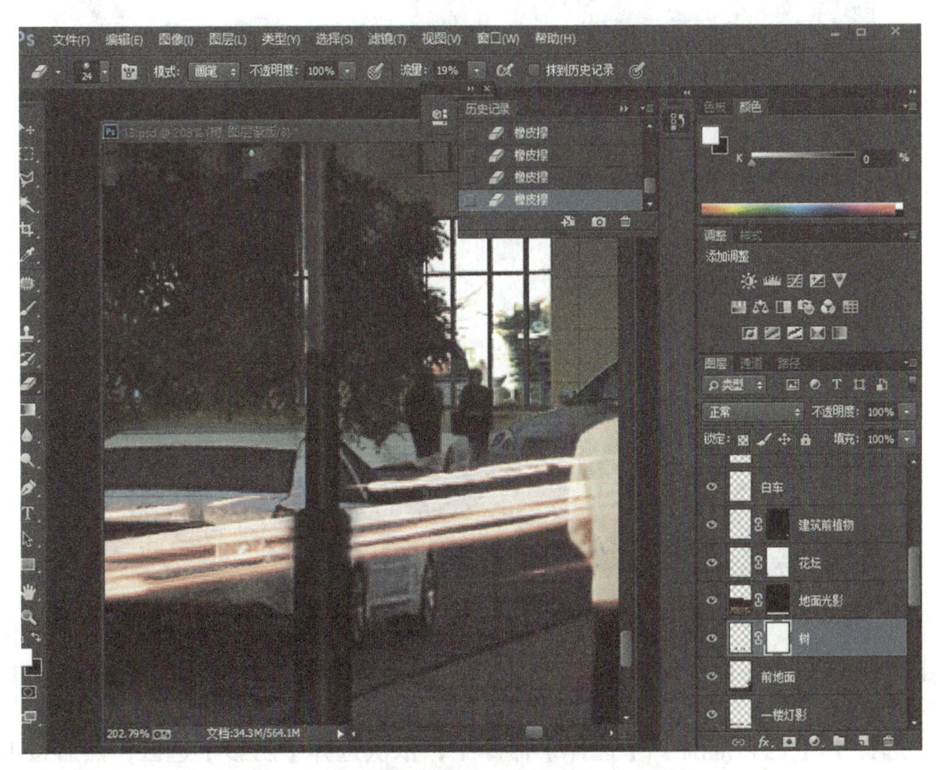

图 7–33　通过图层蒙版修正图层前后关系错误

（12）所有画面图层都调节完毕后，需要将所有图层进行合并。选择图层面板最顶端图层，通过快捷键 Ctrl+Shift+Alt+E（盖印图层）将所有图层进行合并，如图 7–34 所示。

图 7-34 盖印图层将所有图层合并

（13）为画面添加柔光效果。将盖印图层后生成的新图层，按住鼠标左键将其拖入【创建新图层】进行拷贝，然后在【滤镜】|【模糊】|【高斯模糊】命令中为图层添加【半径】为 14 像素左右的模糊效果，如图 7-35 所示。

图 7-35 高斯模糊处理柔光效果

（14）在【图像】|【调整】|【曲线】命令中，调节出一条 S 形的曲线，提高亮部的亮度，压低暗部的亮度，如图 7-36 所示。

（15）在【选择】|【色彩范围】|【选择】命令中，依次选择【阴影】选区，然后按 Delete 键删除。选择【中间调】选区按 Delete 键进行删除，如图 7-37 所示。

（16）将柔光图层的【图层混合模式】更改为【柔光】。这样可制作出灯光柔和的发光效果，也可以提升色彩的饱和度，如图 7-38 所示。

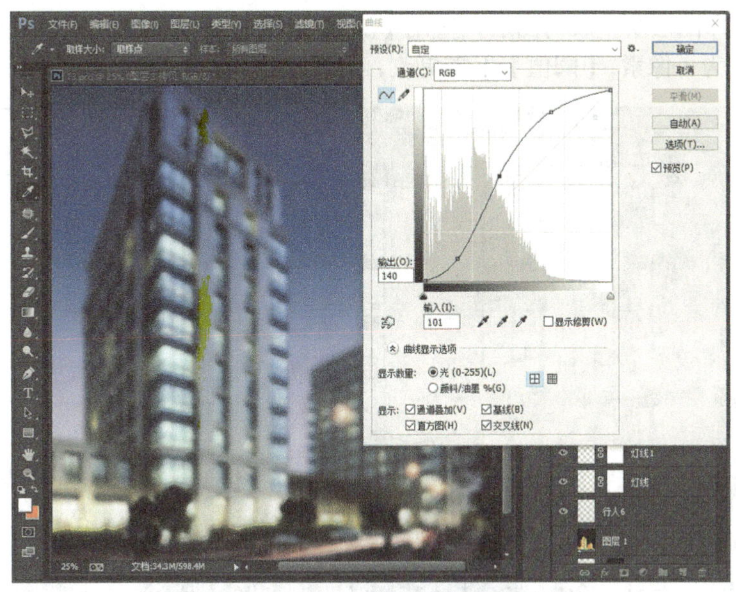

图 7-36　通过曲线加强柔光图层明暗对比

图 7-37　删除柔光图层中的阴影及中间调

图 7-38　更改柔光图层混合模式

（17）回到之前盖印图层所生成的图层，应用【滤镜】【锐化】【USM 锐化】命令提高画面清晰度，【数量】为 54%，【半径】为 3 像素，【阈值】不需更改，如图 7-39 所示。

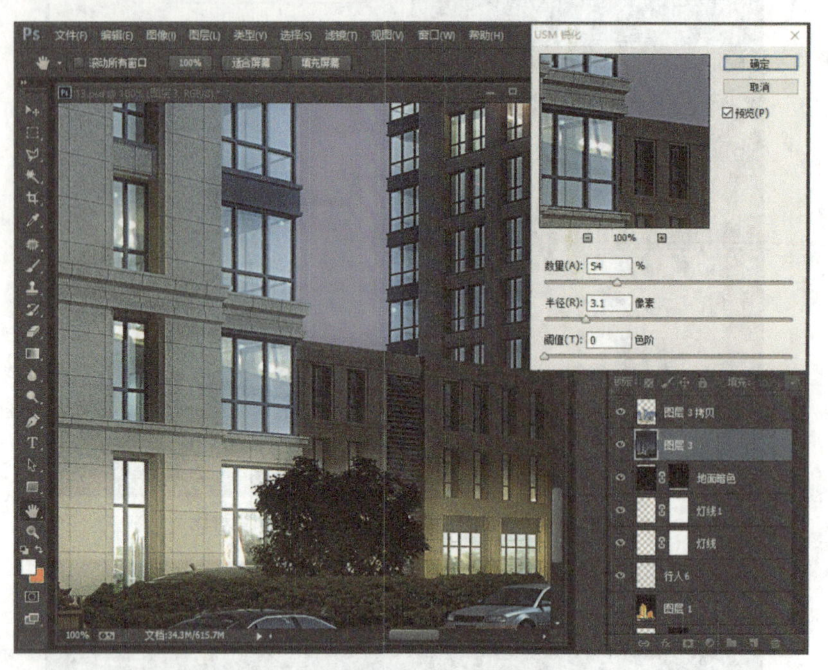

图 7-39　锐化滤镜提高画面清晰度

（18）选择最顶端图层通过快捷键 Ctrl+Shift+Alt+E（盖印图层）将所有图层合并，将图像在【文件】|【存储为】|【JPEG】进行保存。在【JPEG】选项中使用最佳品质进行保存。保存的图像如图 7-40 所示。

图 7-40　保存图像

最后我们将通过 Photoshop 合成修改后的图片与原始图像放置在一起进行前后对比观察，如图 7-41 所示。

图 7-41 修改前后效果对比

7.3 室内效果图后期处理实战

室内效果图后期处理前后图像对比，如图 7-42 所示。

（a） （b）

图 7-42 后期处理前后图像对比

（a）处理前；（b）处理后

（1）在 Photoshop CC 中打开已在 3ds Max 软件中渲染好的室内效果图及室内效果图的彩色通道。必须保证效果图与彩色通道的图像尺寸完全一致，如图 7-43 所示。

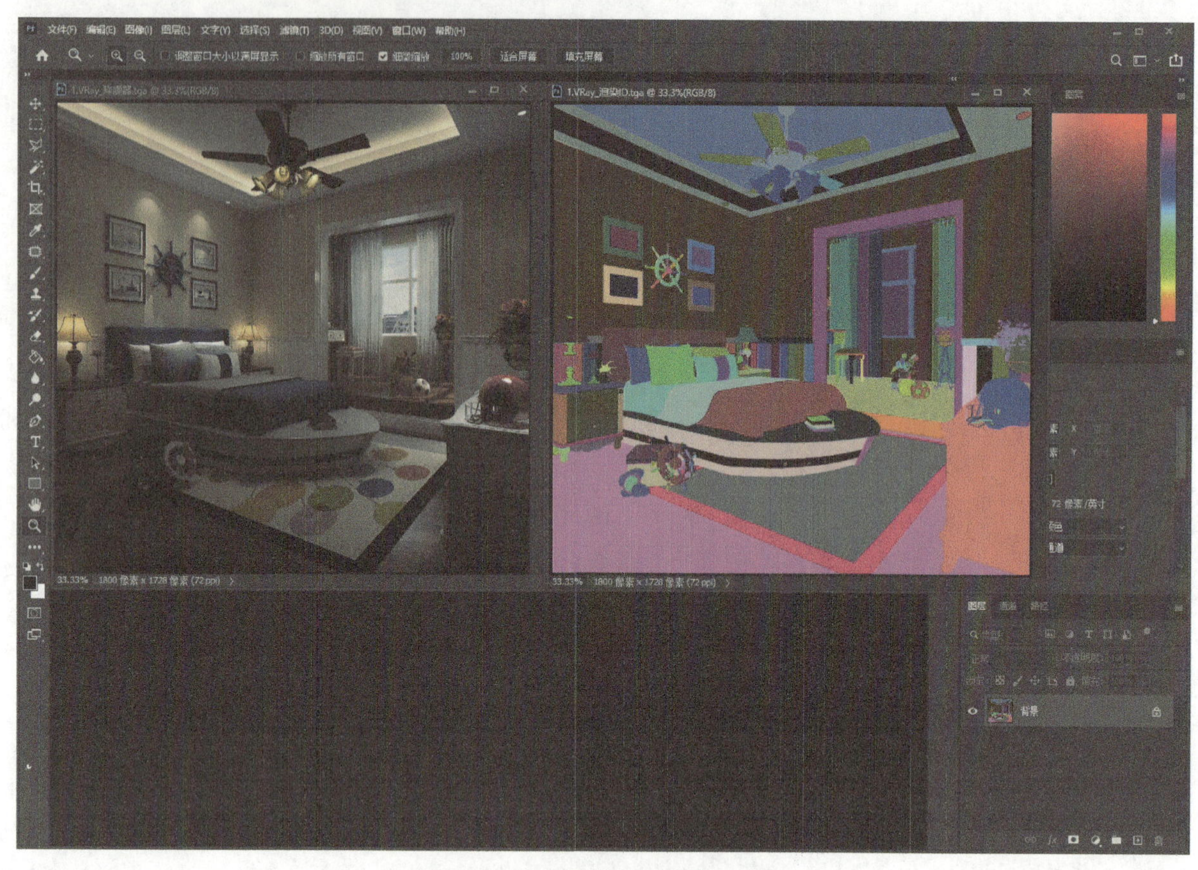

图 7-43　打开图像及对应的通道图

（2）单击【工具面板】中的【移动工具】，将彩色通道移入效果图中。注意图像位置需要完全对齐，如图 7-44 所示。

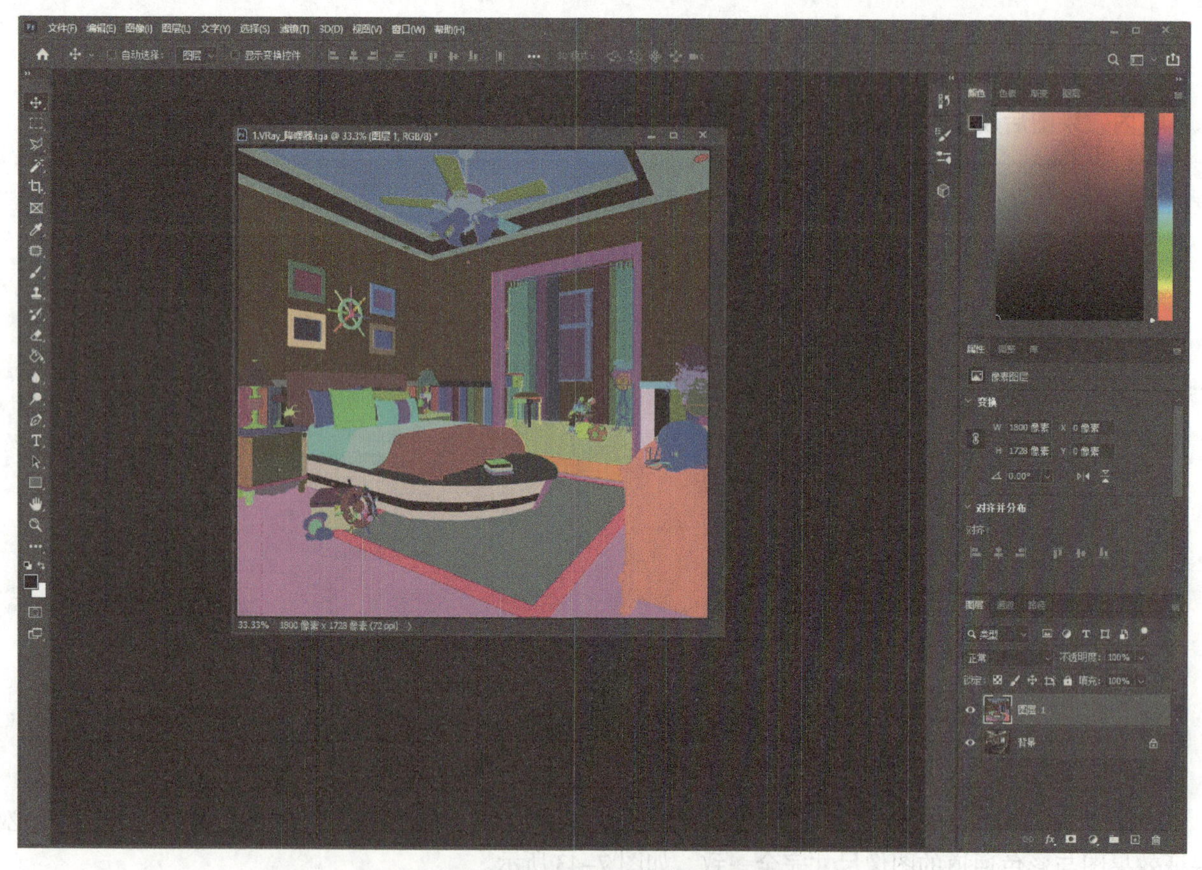

图 7-44　原始图像与通道图完全对齐

（3）将“背景”图层拖入【创建新图层】中进行复制，这样方便观察调整前后的对比效果，如图 7–45 所示。

（4）先将彩色通道图层的【指示通道可见性】关闭。然后选择复制产生的拷贝背景图层，在图层面板下方单击【创建新的填充或调整图层】。添加【曲线】调整图层，适当调节曲线，调整画面整体亮度及明暗对比关系，如图 7–46 所示。

图 7–45　复制背景图层

图 7–46　添加曲线调整图层

（5）将通道图层的【指示通道可见性】打开。然后通过【选择】|【色彩范围】命令拾取墙面位置的褐色，建立墙体选区，如图 7–47 所示。

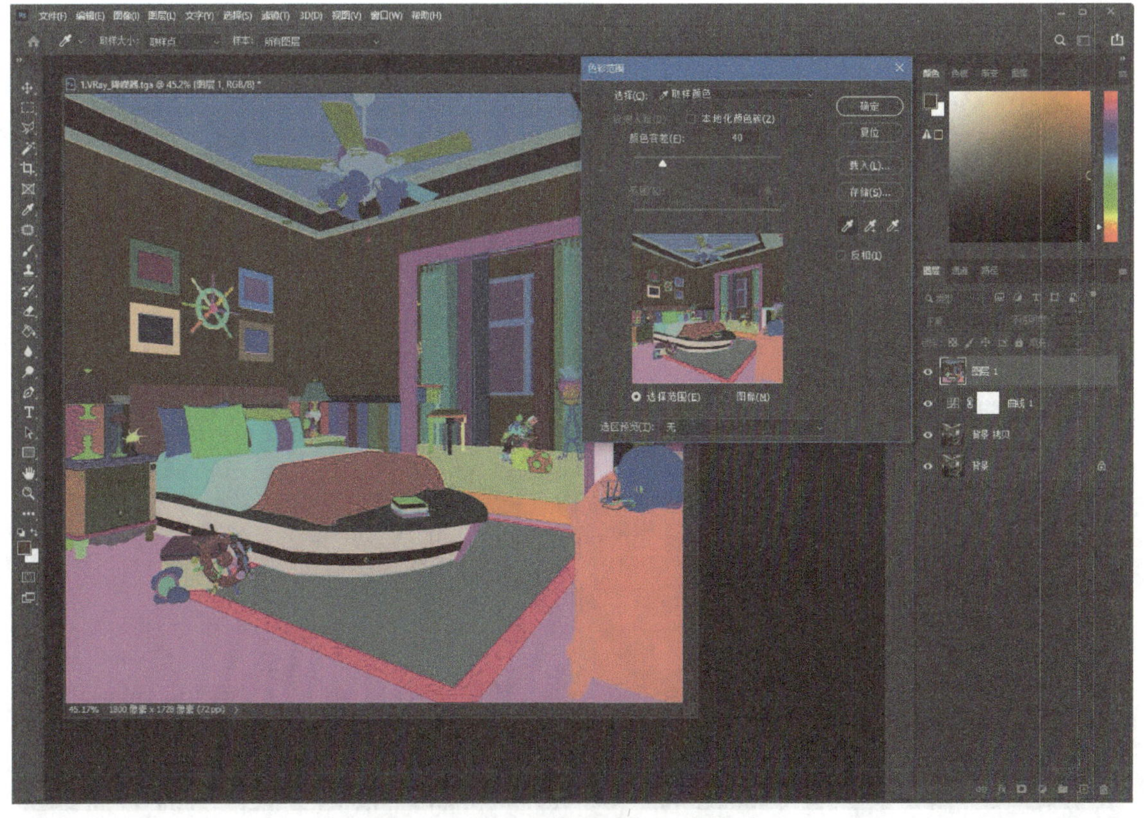

图 7–47　通过通道图层为墙面建立选区

（6）将通道图层的【指示通道可见性】关闭，然后选择背景拷贝图层，如图 7–48 所示。

图 7–48　通过通道图层为墙面建立选区

（7）选择背景拷贝图层，在“图层”面板下方单击【创建新的填充或调整图层】。添加【色相 / 饱和度】调整图层，选择其中的【黄色及红色】，将这两种颜色的饱和度加大到 40~50，使墙面色彩更为鲜艳，如图 7–49 所示。

图 7–49　为墙面选区添加色相 / 饱和度调整图层

（8）将通道图层的【指示通道可见性】打开。选择彩色通道图层，然后通过（【选择】|【色彩范围】命令）拾取地面位置的粉色，建立地面选区，如图 7-50 所示。

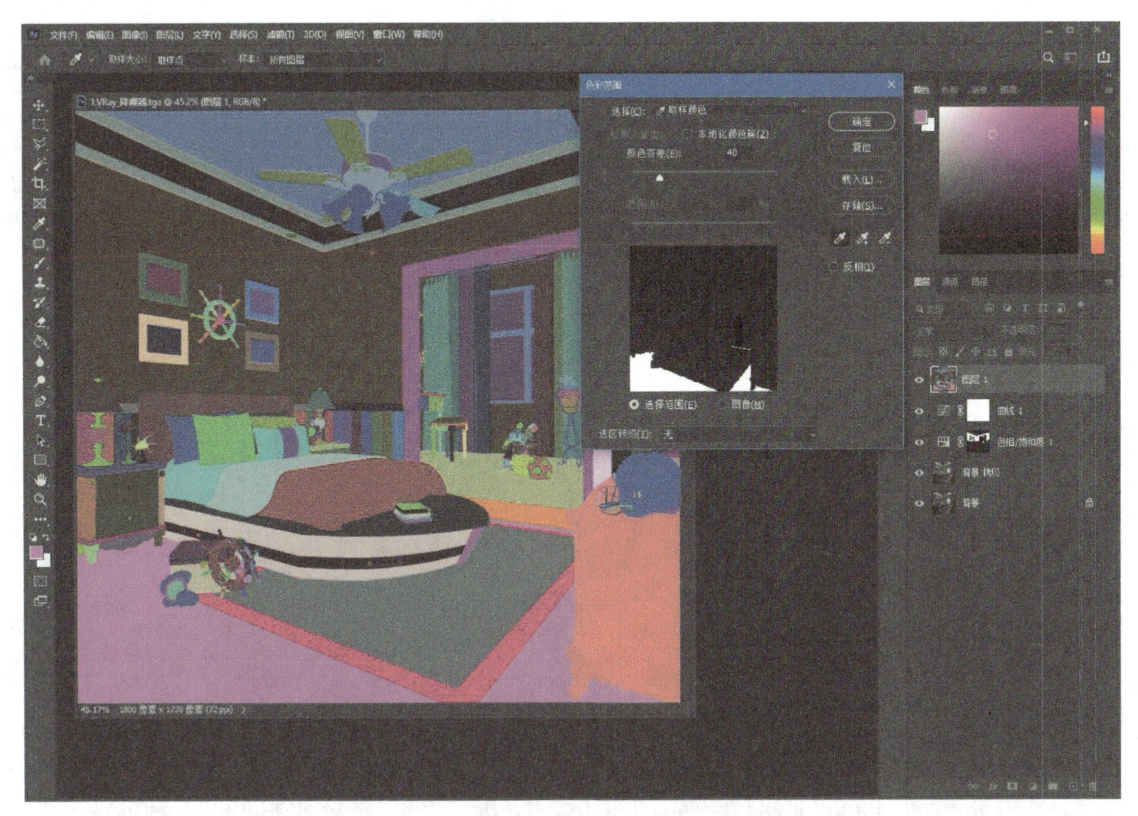

图 7-50 通过通道图层为墙面建立选区

（9）将通道图层的【指示通道可见性】关闭。然后选择背景拷贝图层，保持选区被选择的状态，如图 7-51 所示。

图 7-51 通过通道图层为地面建立选区

（10）选择背景拷贝图层，在图层面板下方单击【创建新的填充或调整图层】。添加【色相 / 饱和度】调整图层。选择其中的【黄色】，将其饱和度加大到 40 左右，使地面色彩更为明确，如图 7-52 所示。

图 7-52　为地面选区添加色相 / 饱和度调整图层

（11）为了方便识别图层，可以双击图层面板中图层的名称，然后根据选区位置修改图层名称。例如，地面选区的调整图层，可以添加“地面”二字，如图 7-53 所示。

（12）用同样的方法，还可以继续调节背景图层顶面亮度及绿叶等其他物体的色彩关系及亮度，如图 7-54 所示。

图 7-53　为图层更改名称

图 7-54　通过同样的方法调节其他物体的亮度及色彩关系

（13）单击图层面板【创建新图层】，新建一空白图层，将图层名称改为灯光光晕，再单击工具面板中【画笔工具】，设置【前景色】为褐色。然后在新图层中台灯及吊灯位置画出大致光晕范围，如图7-55所示。

图 7-55　画笔工具绘制光晕

（14）选择灯光光晕图层，将【图层混合模式】改为【滤色】，【填充】45%，如图7-56所示。

（15）窗口位置也可以用同样的方法绘制户外光线透过窗帘的光晕效果，如图7-57所示。

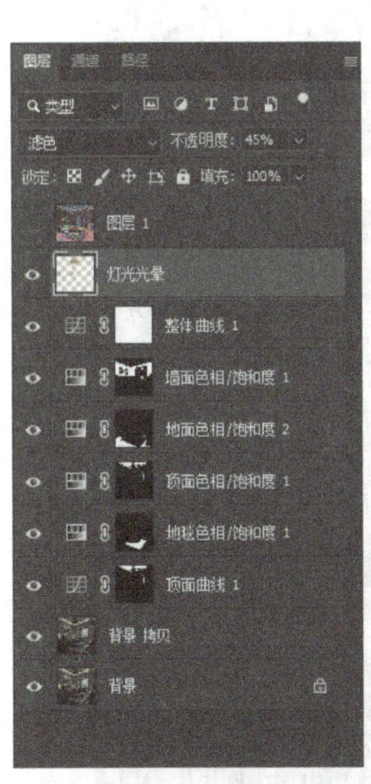

图 7-56　修改图层混合模式

图 7-57　画笔工具绘制光晕

（16）细节部分调整完毕后，可以选择背景拷贝图层在图层面板下方单击【创建新的填充或调整图层】，添加【色相 / 饱和度】调整图层整体色彩关系。其中【绿色】|【饱和度】+17，【红色】|【饱和度】+22，【黄色】|【饱和度】+12，【蓝色】|【饱和度】+48，使图像色彩更加艳丽，如图 7–58 所示。

图 7–58　添加色相 / 饱和度调整图层

（17）再次选择背景拷贝图层，在图层面板下方单击【创建新的填充或调整图层】，添加【色彩平衡】调整图层整体色彩关系。其中【中间调】|【黄色 / 蓝色】+4，【阴影】|【黄色 / 蓝色】–2，【高光】|【黄色 / 蓝色】–3，可使图像色彩更加明确，如图 7–59 所示。

图 7–59　添加色彩平衡调整图层

（18）所有画面元素都调节完毕后，我们需要将所有图层进行合并。选择图层面板最顶端图层，通过快捷键 Ctrl+Shift+Alt+E（盖印图层）将所有图层进行合并，如图 7-60 所示。

图 7-60 盖印图层将所有图层进行合并

（19）为画面添加柔光效果。按住鼠标左键将盖印图层后生成的新图层拖入【创建新图层】进行拷贝，改名为柔光图层。然后在（【滤镜】|【模糊】|【高斯模糊】命令）为该图层添加【半径】为 14 像素左右的模糊效果，如图 7-61 所示。

图 7-61 高斯模糊处理柔光效果

（20）在（【图像】|【调整】|【曲线】命令），调节出一条S形的曲线，提高亮部的亮度，压低暗部的亮度，如图7-62所示。

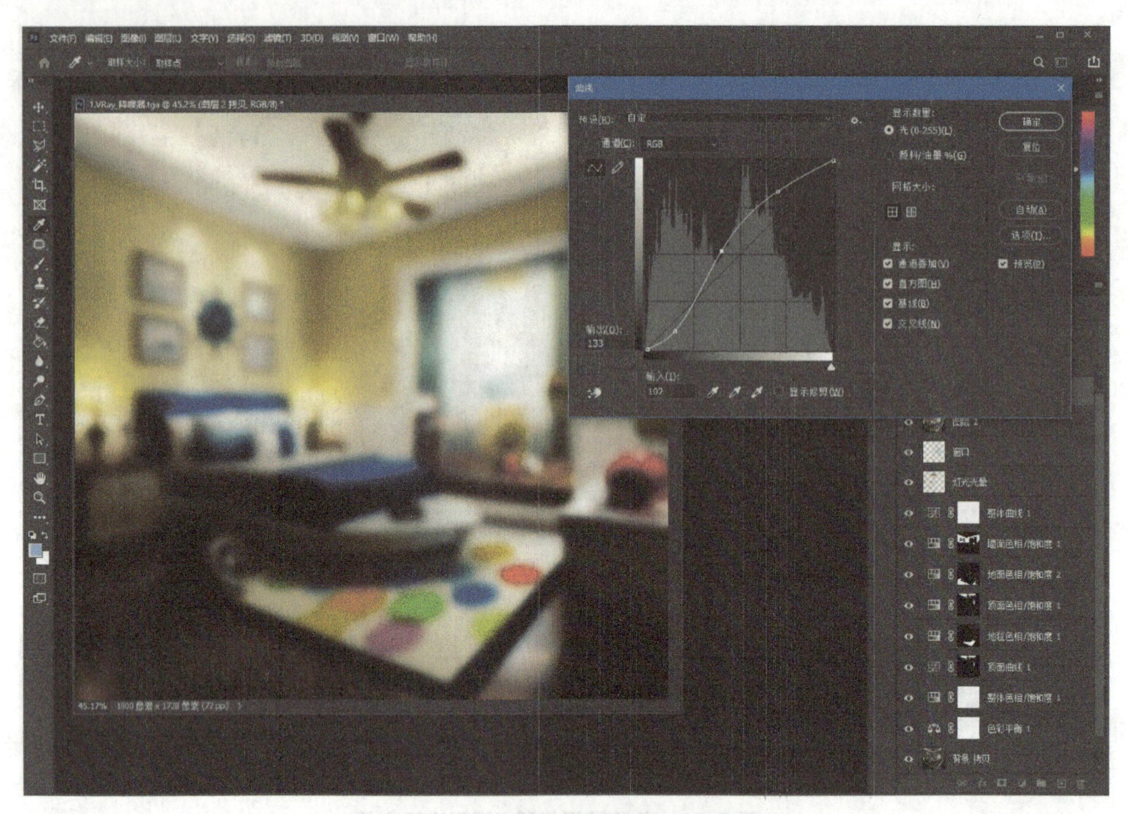

图7-62　通过曲线加强柔光图层明暗对比

（21）再在（【选择】|【色彩范围】|【选择】命令）。依次选择【阴影】选区，然后按Delete键删除，选择【中间调】选区按Delete键进行删除，如图7-63所示。

图7-63　通过色彩范围将柔光图层阴影及中间调进行删除

（22）将柔光图层的【图层混合模式】更改为【柔光】 柔光 。【填充】75% 左右。这样既可制作出柔和的灯光照明效果，也可以提升色彩的饱和度，如图 7-64 所示。

图 7-64　更改图层混合模式

（23）通过快捷键 Ctrl+Shift+Alt+E（盖印图层）将所有图层进行合并，将图像【文件】|【存储为】|【JPEG】）进行保存。【JPEG】选项中选择最佳品质，如图 7-65 所示。

图 7-65　图像保存

【小结】

在修改室内外效果图之前，首先要明确画面内容需要表现的特点，包括光影的体现，气氛的烘托，构图的技巧，色彩明暗对比等。室内效果图的修改相对简单，主要把握室内各个物体色彩的平衡以及画面整体亮度即可。对于建筑效果图，玻璃则需要特别注意，除了要体现玻璃的反射效果外，还要体现灯光下的通透感。建筑效果图画面明暗关系构成，应该以建筑为主体，其他部分亮度适当偏低。街道表现除了马路的基础效果外，还应有更多的灯光反射细节。在制作这些效果的时候由于会牵涉到大量的素材图层，所以一定要将图层进行更改名称。对于图层中错误修改，应该避免直接通过橡皮擦工具进行擦除，这种修改方式对素材图层具有一定的破坏性。最好是通过图层蒙版进行修改，这种方式可以通过黑白关系来擦除或者还原素材图层效果。而在选择画面元素的时候，多通过通道进行选择，这种选择方式精确且快速。

项目八　Photoshop 绘画

内容摘要

Photoshop CC 除了有强大的图像处理功能外，其拥有的良好的绘画与调色功能使之成为了插画设计、游戏设计和动漫设计等皆可选用的绘画软件。

项目学习目标

知识目标：

1. 了解 Photoshop CC 中绘画的基本功能，如画笔工具、图层管理、透明度调整、渐变工具等，掌握其在数字绘画中的应用。
2. 理解卡通人物和手绘场景创作的基本原理，熟悉光影、色彩和构图等艺术设计原则。
3. 掌握使用 Photoshop 完成手绘卡通人物和手绘场景的基本流程，包括草图、细节处理、上色和后期修饰等。

能力目标：

1. 能使用 Photoshop CC 工具进行卡通人物和场景的创作，熟练运用画笔、图层、色彩调整等工具完成设计任务。
2. 能利用 Photoshop 中的高级功能（如图层混合模式、滤镜效果等）进行创作优化，提高作品的表现力和视觉效果。
3. 能综合运用构图、光影、色彩等艺术元素，提升绘画作品的视觉效果和艺术性，创作出符合设计需求的手绘风格作品。

素养目标：

1. 培养创意思维与艺术表达能力，能够通过数字绘画展现个人艺术风格，提升创新能力和艺术素养。
2. 提升细致的观察力和耐心，注重绘画过程中每一处细节的处理，增强作品的精致感和表现力。
3. 树立对艺术创作的责任感，培养专业的工作态度，尊重设计规律和创作标准，追求高质量的创作成果。

8.1 Photoshop 绘画的前期准备

1. 硬件准备

使用 Photoshop CC 进行绘画，我们还需要配备相应的硬件——手绘板（图 8-1）。手绘板同键盘、鼠标一样都是计算机的输入设备。如果电脑没有配置手绘板，电脑将无法感应设计者用笔的轻重和压感，所有的线条都将没有粗细之分，在绘画创作上会很不方便。随着科学技术的发展，手绘板作为一种绘画输入工具，已经成为鼠标和键盘等输入工具的有益补充，其手绘灵敏性好，并且具有压感，就像画家的画板和笔一样。我们看到的很多数码插画、生动的卡通人物都是使用手绘板绘制的。

图 8-1 手绘板

2. 软件准备

在使用手绘板之前需要安装手绘板驱动程序，否则手绘板在绘画的时候没有压感。先安装手绘板驱动，然后连接手绘板，最后打开 Photoshop CC 就可以进行绘画了。

8.2 Photoshop CC 手绘卡通

【任务背景】

为某游戏绘制卡通角色宣传海报形象。

【任务要求】

绘制以兔子为原型的卡通形象，要求造型有个性、拟人化、生动活泼、色彩丰富。

【任务分析】

设计时只需要原创卡通形象，设计动作、内容、色彩，需要使用手绘板完成绘制。

【任务实施】

效果文件地址：数字资源 \ 项目八 \ 效果文件 \ 兔子 .psd。
效果如图 8-2 所示。

图 8-2　手绘卡通

具体步骤如下：

（1）草稿准备：先在 A4 纸上用铅笔绘制草稿，可以多画几幅，选出最佳者作为即将开始数码绘制的草稿。草稿不需要太工整，只要画出设计者的想法、画面布局以及卡通造型就可以了。然后使用扫描仪或者数码相机将绘制好的草稿输入电脑。在 Photoshop CC 中执行【文件】|【打开】命令（Ctrl+O）打开草图，如图 8-3 所示。

图 8-3　草稿

（2）绘制线稿。在绘制线稿之前首先检查一下扫描的文件精度。如果精度少于 200 dpi，那么绘制出来的作品会很粗糙，这时需要重设文件精度。用鼠标右键单击文件标题栏，调出【图像大小】对话框，观察图像尺寸和分辨率，调整到合适大小，如图 8-4 和图 8-5 所示。

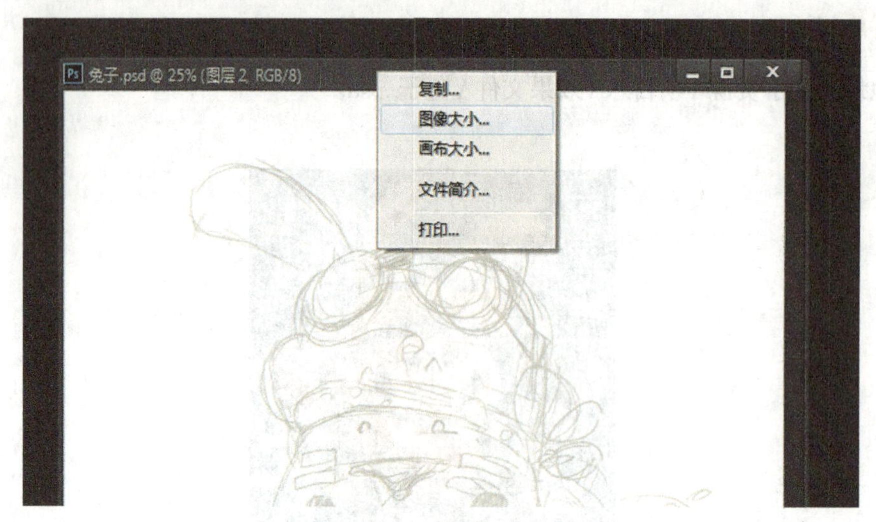

图 8-4　修改图像

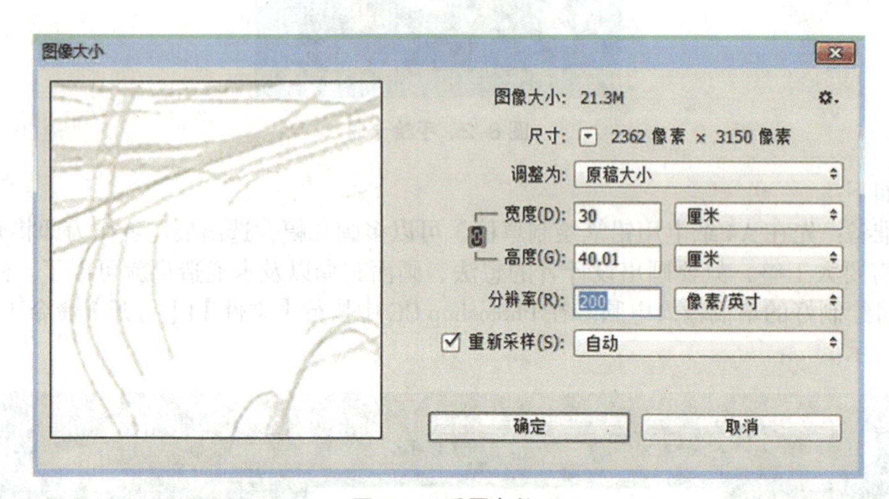

图 8-5　重置参数

（3）在【图层】面板单击新建图层按钮，并将草稿图层不透明度设为 25%（通常设置为小于 40%），目的是绘制正式线稿时不影响观察，如图 8-6 所示。

图 8-6　修改不透明度

（4）使用【画笔工具】，并按下 F5 键调出【画笔预设】面板，选择【大小可调的圆形画笔】，如图 8-7 所示。在绘制过程中，可用快捷键 Ctrl+“[”和 Ctrl+“]”调节笔刷的粗细，按照草稿绘制线稿，如图 8-8 所示。绘制线稿时要求线条清晰流畅，结构表达清楚，细节刻画仔细。

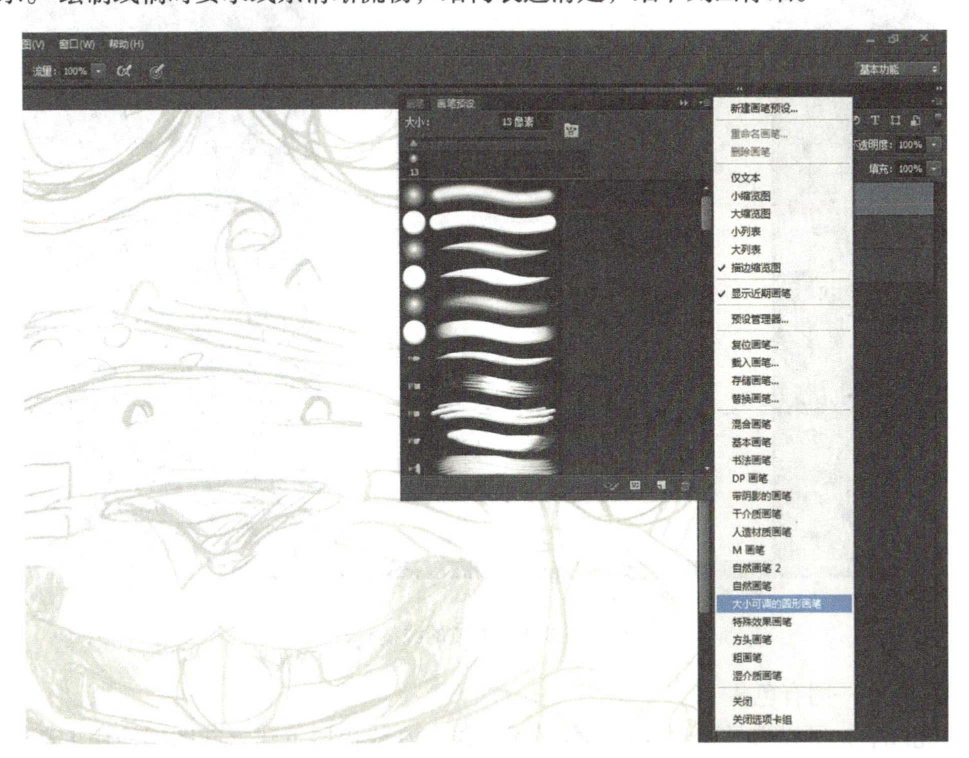

图 8-7 调出笔刷

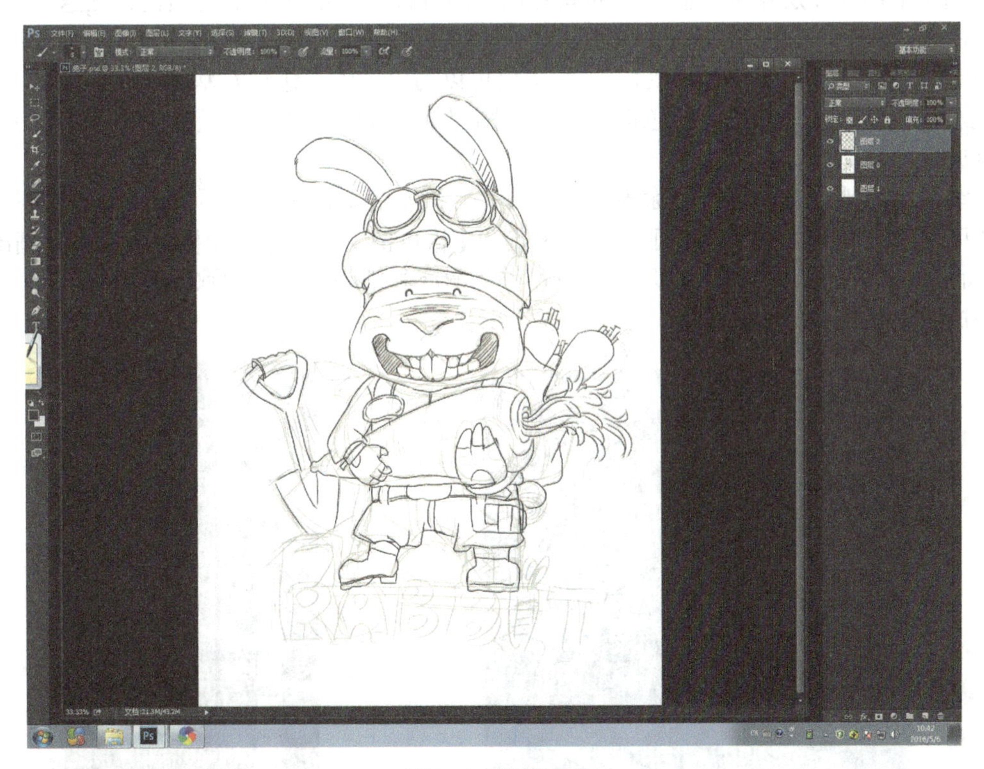

图 8-8 绘制线稿

在细节绘制的时候可以使用 Ctrl+“+”和 Ctrl+“-”来调节画面大小，放大的画面可以使用【空格键】切换【画笔工具】和【抓手工具】，以便快速移动画面，进行细节绘制。完成的线稿如图 8-9 所示。

图 8-9 完成的线稿

（5）线稿上色——固有色。

线稿绘制完成后，可以选择隐藏或者删除草稿图层。在线稿层下建立新图层使用【渐变工具】为其填充从深蓝到浅蓝的底色，如图 8-10 所示。

①在线稿层下新建图层用来绘制基本的固有色。固有色是指物体本来的颜色，在这个过程中，不需要画明暗、肌理等细节，只需绘制基本色块。这一阶段的重点是画面、色彩的合理配搭，最好能够为每一种颜色新建一层图层，如图 8-11 所示。这样不仅可以为以后的工作打好基础，在后续的工作中可以对不满意的色彩进行调节。如果所有颜色都画在一个图层上，或者两种以上颜色画在了一层上，就无法针对某块颜色进行调整了。

②按照线稿细致地为每一部分平涂固有色，每一种固有色新建一层，不要出现露白或者画出线的情况。可以使用快捷键 B 和 E 来切换【画笔工具】和【橡皮擦工具】，用橡皮工具擦除画出线的部分。如图 8-12 所示。注意：这一步比较烦琐，要有足够的耐心和细心。只有细致地完成这一步，后面的上色工作才能够快速、顺利的进行。

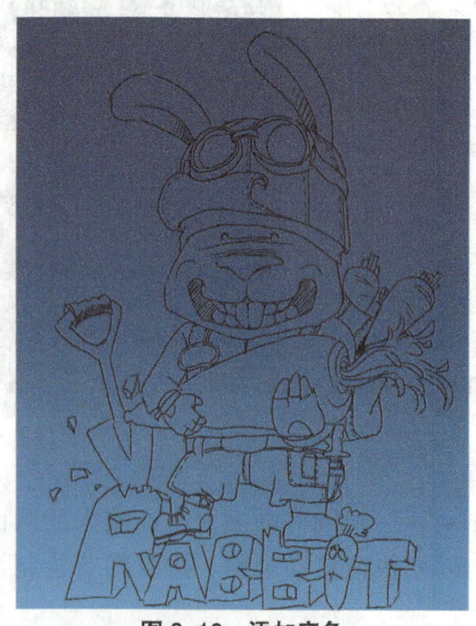

图 8-10 添加底色

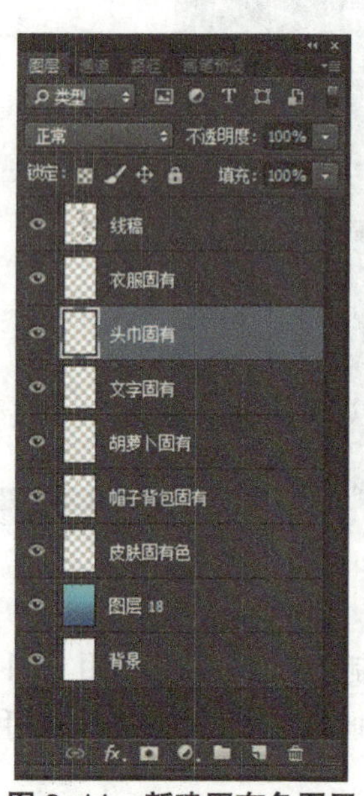

图 8-11 新建固有色图层

图 8-12 平涂固有色

图 8-13 选择选区

（6）线稿上色——基本明暗。

完成了固有色的填涂，卡通画已经有基本的色彩。但是平涂的效果还不够理想，要为每一种颜色加上明暗和体积。

①在固有色图层上新建图层，绘制基本明暗关系。新建明暗图层的目的是不影响固有色图层，同时方便明暗层的修改。按下 Ctrl 键的同时单击固有色图层的图标，会出现该图层范围选区，如图 8-13 所示。如觉得选区的蚂蚁线影响观察，可使用 Ctrl+H 键隐藏选区。

②要画出明暗和体积效果，首先要设定一个光源方向，每一部分的明暗、投影都要按照预先设计好的光源方向来绘制，这样才能得到有体积感、有光感的画面。这幅卡通画设置的光源方向是最常见的定光效果。

③用【画笔工具】选择合适的暗面颜色进行绘制。如图 8-14 所示，选择暗面颜色的时候要注意，暗面并不是简单地在固有色的基础上加上黑色，暗面的颜色在降低明度的同时要保证纯度，否则画面显得很脏、发灰。在颜色的过渡上可以按下 Alt 键切换【画笔工具】和【吸管工具】，方便吸取色块交界的颜色用来过渡，这样会留下生动的笔触，并且增添手绘的感觉。在绘制体积和光影的时候，要注意冷暖的变化，以及环境色和光源色的表现。

（7）线稿上色——细节和效果。

在完成了上一步后，要为它加上更多的细节和特征，进一

图 8-14 绘制暗面

步完善画面使其更加生动有趣。

①选择【画笔预定】菜单下的【干介质画笔】，选择【19 号粗纹理蜡笔】笔刷，为画面增加蜡笔画的效果，如图 8-15 和图 8-16 所示。

②线稿层由于没有色彩变化，粗细变化与光影不协调，因此显得生硬，这时候可以把线稿图层的不透明度降低到 50% 以下。经过了前两步的绘制，已经产生了很多固有色图层和暗面图层，众多的图层使用时会很不方便。在保证色彩没有问题的前提下，固有色、暗面图层可以进行合并，合并的快捷键是 Ctrl+E 键，如图 8-17 所示。注意：不要把线稿层和背景层合并，这两层要保持独立。

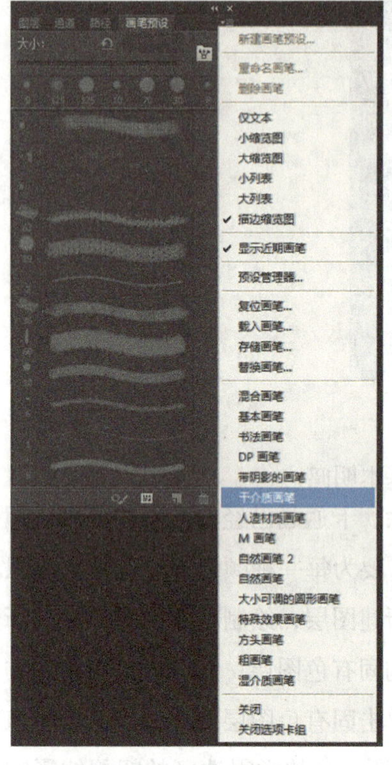

图 8-15　选择干介质画笔

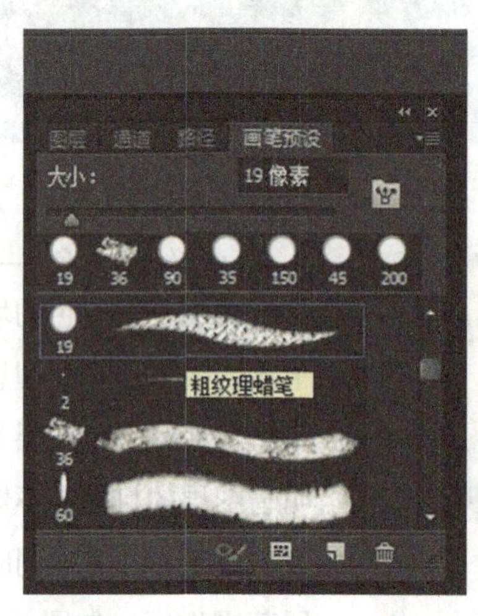

图 8-16　粗纹理蜡笔

图 8-17　合并图层

③新建一层，使用【粗纹理蜡笔】|【笔刷工具】配合 Alt 键切换【吸色器工具】，进行细节的绘制。在绘制时要注意笔法，要按着物体的结构绘制，留下生动的蜡笔笔触，刻画细节的同时增加画面的风格和趣味性。这一步的绘制要表现细节和提升画面质感，添加肌理效果，所以要细心一些，笔刷的走向按照结构方向绘制，边线也重新勾勒，如图 8-18 至图 8-20 所示。

图 8-18　绘制细节（1）

图 8-19 绘制细节（2）

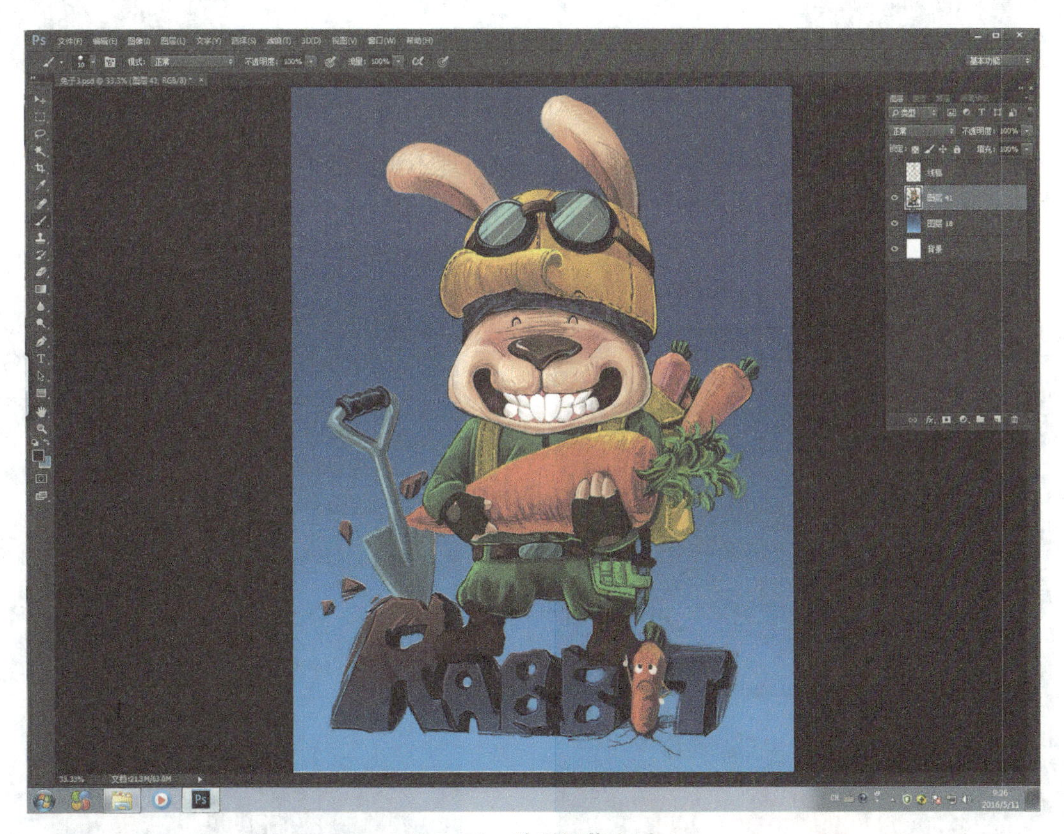

图 8-20 绘制细节（3）

④为背景层增加笔触效果，以放射状的笔触将重点引向兔子的头部。在绘制的时候如果不能保证效果，可以新建一层，使用【笔刷工具】按下 Alt 键切换到【吸色器工具】，不断地拾取背景颜色，以兔子头部为中心绘制放射线。绘制的时候手部要放松，如果出现断线、抖动，可以用【涂抹工具】来进行修正，如图 8-21 所示。

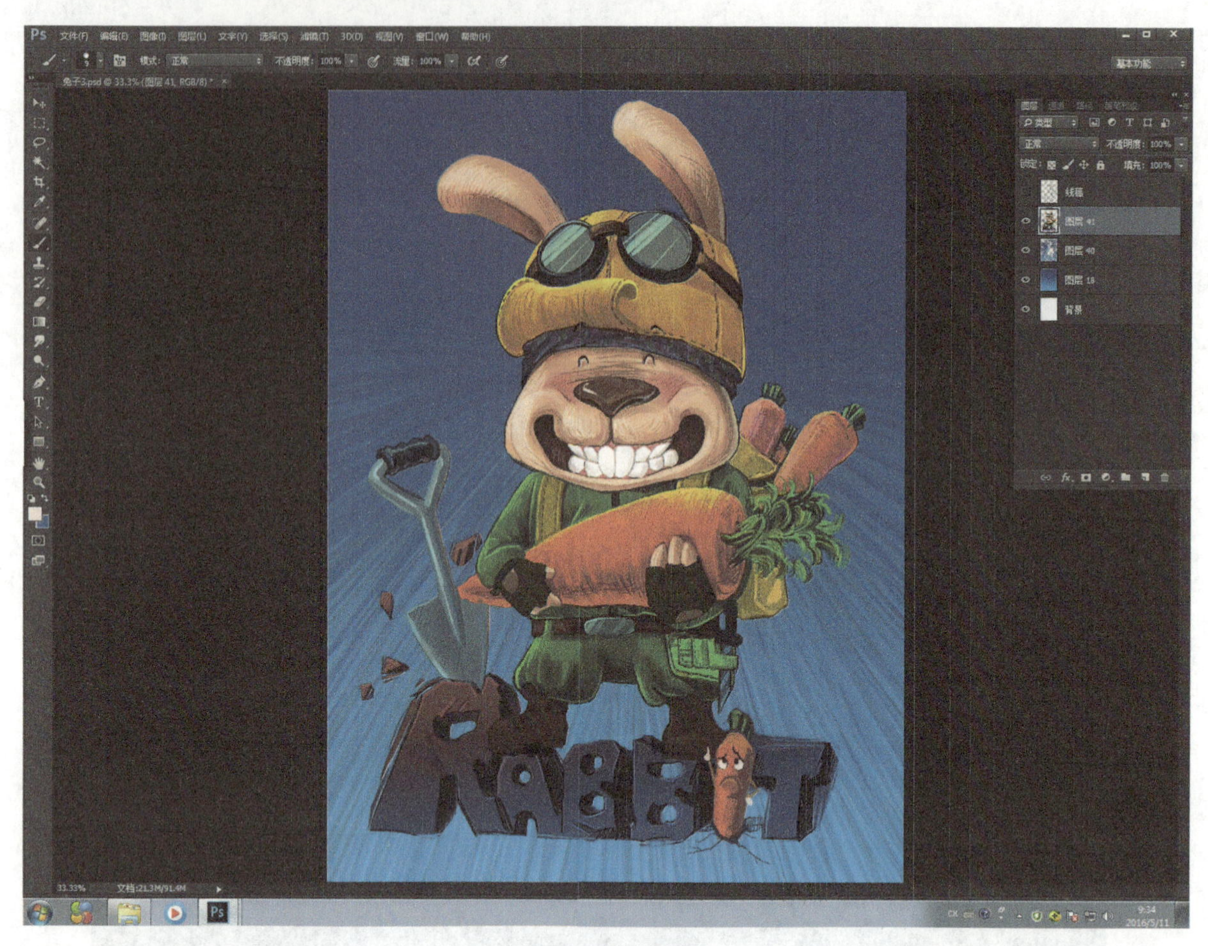

图 8-21　绘制背景

⑤修饰细节。将不必要的图层删除，完善细节，对肌理不满意的地方可以考虑重新排线，如图 8-22 所示。最后完成整幅画，如图 8-23 所示。

图 8-22　细节图

图 8-23　完成稿

8.3 Photoshop 手绘场景

【任务背景】

为某游戏设计绘制概念场景。

【任务要求】

要求以山川为主题，设计游戏场景，写实风格，透视，景深层次分明。

【任务分析】

写实的场景绘制，要注意构图的协调性，透视是否正确，是否有明确的光影关系，整幅画面的色调等问题。

【任务实施】

效果文件地址：数字资源 \ 项目八 \ 效果文件 \ 场景 .psd。

手绘场景效果如图 8-24 所示。

图 8-24　手绘场景

1.Photoshop CC 场景草稿

具体步骤如下：

（1）新建 60 cm × 20 cm，分辨率为 200 dpi 的画布，如图 8-25 所示。

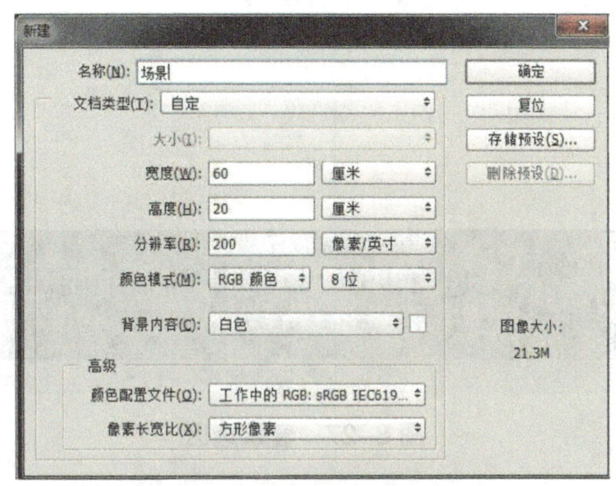

图 8-25　新建画布

（2）新建图层作为底色层，使用【渐变工具】，选择线性渐变为背景填充从深蓝到浅蓝的渐变色，如图 8-26 所示。

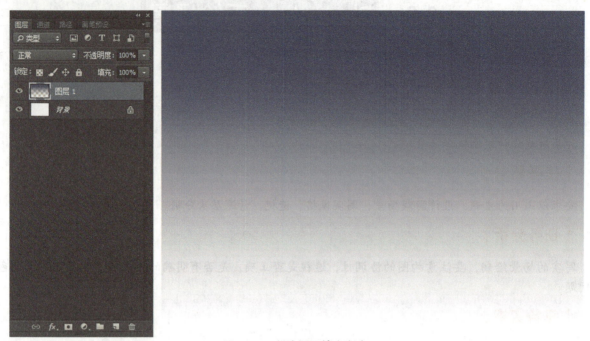

图 8-26　新建图层填充渐变

（3）新建图层作为远景层，使用【套索工具】勾出山的基本形状选区，山的形状可以设计得随意一些，但线条要硬朗。使用【画笔工具】填充选区，使用与背景色同色调的蓝色绘制勾勒好的形状，山顶颜色可较深一些，如图 8-27 所示。

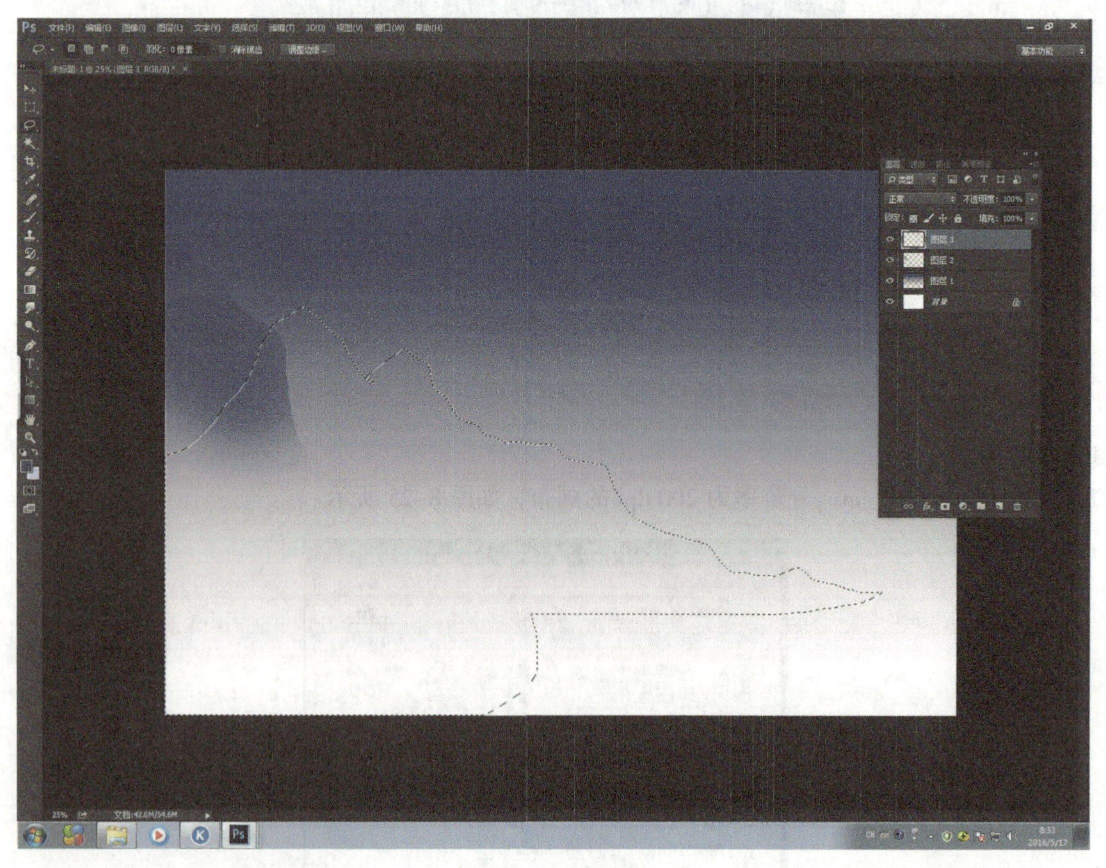

图 8-27　套索选区

按照上一步的方法，使用【套索工具】和【画笔工具】，依次勾勒绘制远景。绘制的时候可以多分几层，以便对不满意的形状进行修改，如图 8-28 所示。

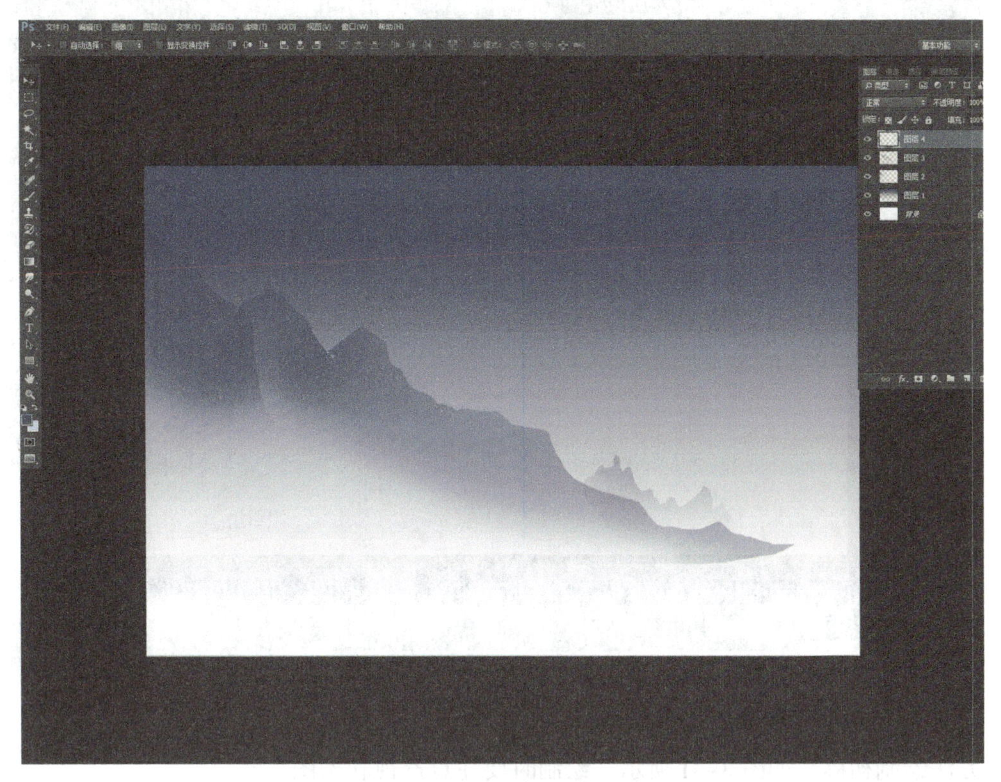

图 8-28 填充远景

（4）绘制中近景。这一步也需要新建图层，利用【套索工具】和【画笔深工具】勾勒、绘制中近景。注意在勾勒山的形状时要有变化，近景颜色更深一些，尤其是山顶颜色更深一点，如图 8-29 和图 8-30 所示。

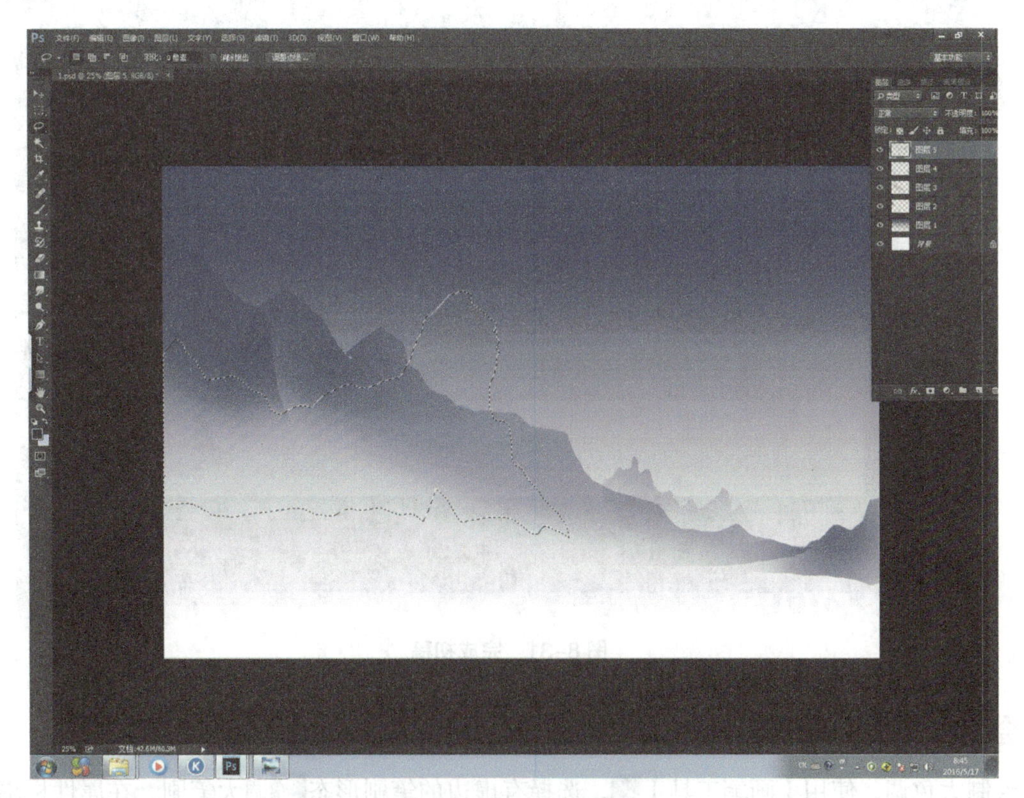

图 8-29 勾勒中近景

图 8-30　绘制中近景

按以上方法绘制初稿，如图 8-31 所示。绘制时要注意透视和构图。

图 8-31　完成初稿

2. 绘制细节

（1）绘制大色调，使用【画笔工具】，选择有虚边的笔刷形态调大笔刷，在属性栏降低笔刷的不透明度到 50% 左右 不透明度：56%，开始大面积地铺设基本色调。在画面远景灭点的部分增加暖色，使画面有冷暖对比。大致地铺设天空、云朵、远山和水面，这一步不需要注意细节，要将更多的注意力放在协调整幅画面的大色调，以及安排画面中物体的位置和基本颜色上，如图 8-32 至图 8-34 所示。

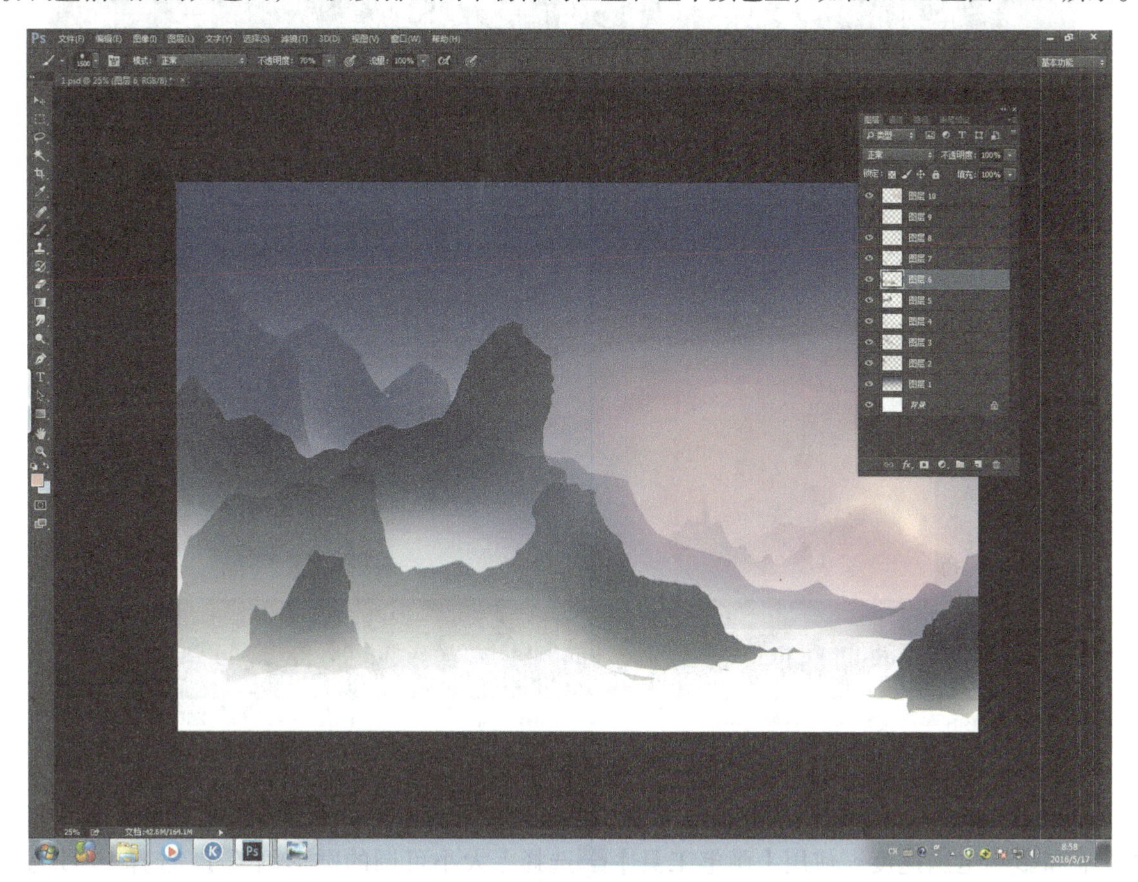

图 8-32 添加暖色调

图 8-33 基本的天空层次

图 8-34 山和水面基本色调

（2）此时，基本的构图和色调已经定下来了，可以将一部分图层合并，以免图层太多导致绘制的时候混乱和影响电脑速度。使用【画笔工具】选择【大小可调的圆形画笔】，选择 19 号笔形，如图 8-35 所示。

①从远景部分开始绘制，要注意远景由于空气透视的原理，颜色通常都比较淡，固有色不明显，色彩上更贴近天空和背景的颜色，并且轮廓不是很清楚，这样表现才会产生空间感，如图 8-36 所示。

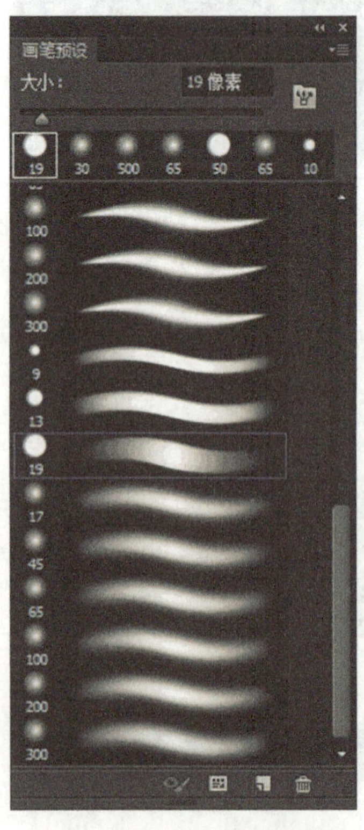

图 8-35 选择图形画笔

图 8-36 绘制远景

②要注意绘制中近景色彩要比远景重。近景的山要开始带上固有色，并且勾画细分一下近景的布局安排，如图 8–37 所示。

图 8–37 绘制中近景

a. 绘制近景。需细分一下近景大致的绘制固有色，注意色彩的变化越近越深。这些绘制都可以在一个图层上完成。如果没有把握做到，可以新建图层绘制，这样就不会影响之前绘制的效果，如图 8–38 所示。

图 8–38 安排近景

b. 进一步细化。绘制中景山体的时候注意体积的表现，分清亮暗面，明确交界线，如图 8-39 所示。

图 8-39　绘制中景

c. 进一步绘制。注意表现光源对于山体的影响，为山加上光源色。中景是要表现的重点，所以在绘制时要注意光线明显，色彩饱和度高，如图 8-40 所示。

图 8-40　进一步绘制

（3）细节刻画。刻画细节要将大的石块细分，绘制出瀑布的分支，如图 8-41 所示。

图 8-41 刻画细节（1）

①绘制石头的缝隙和交界线。固有色出现在亮面和灰面。注意区分中近景的色调，因为都是绿色所以要有区分。近景色彩比中景略冷，不要每块石头颜色都一样，要有冷暖和明暗的差别，如图 8-42 所示。

图 8-42 刻画细节（2）

②整体调整。再一次检查整幅画面，进一步协调画面的色调，加强中、近、远景之间的色彩关系，进一步地刻画细节，如图 8-43 所示。

图 8-43 整体调整

完成效果如图 8-44 所示。

图 8-44 完成效果

【小结】

设计美学认为:“材料、结构、形式和功能成为任何人工成品所不可缺少的构成要素。其中,材料是产品的物质基础,结构是产品内部不同材料的组合方式,形式是产品材料和结构的外在表现,功能则是产品与外部环境的互相作用,从而构成了对人的一定效用。”

参考文献

[1] 刘信杰，张学金．Photoshop CC图像处理立体化教程（微课版）．北京：人民邮电出版社，2022.

[2] 凤凰高新教育．PS教程：迅速提升Photoshop核心技术的100个关键技能．北京：北京大学出版社，2021.

[3] 赵鹏．毫无PS痕迹．2版．北京：水利水电出版社，2022.

[4] 李金明，李金蓉．中文版Photoshop 2024入门教程．北京：人民邮电出版社，2024.

[5] 云飞．Photoshop从入门到精通．北京：中国商业出版社，2021.

[6] 委婉的鱼．Photoshop 2024+AI修图入门教程．北京：北京大学出版社，2024.

[7] 赵博，艾萍．从零开始——Photoshop CS6中文版基础培训教程．北京：人民邮电出版社，2021.

[8] ［美］安德鲁·福克纳．Adobe Photoshop 2020经典教程．北京：人民邮电出版社，2021.

[9] 邹宏伟．Photoshop案例教程．北京：中国石化出版社有限公司，2022.

[10] 瞿颖健．中文版Photoshop 2022从入门到精通．北京：水利水电出版社，2022.